题记

我的体会是心理学研究是一门比较深奥复杂的学科，历史上的多少心理学家犹如瞎子摸象，各执一端，各说各话，众说纷纭，莫衷一是，至今仍未取得一致的共识。这些事实表明研究和学习心理学历史是具有现实意义的。

从零开始学心理学

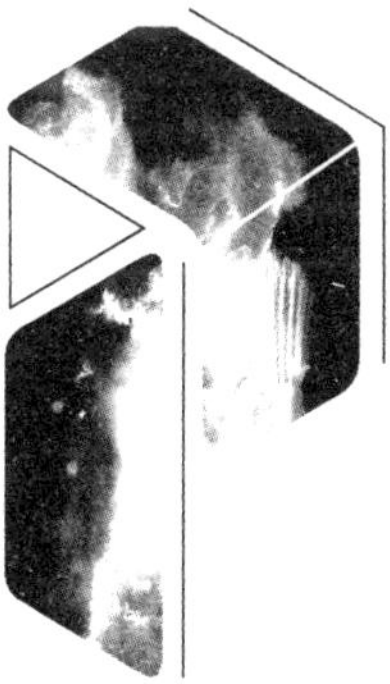

心理学与生活

李汉松◎著

中国法制出版社
CHINA LEGAL PUBLISHING HOUSE

推荐序

李汉松教授既是我的老师，也是我尊敬的长辈。

1960 年，我作为北京师范大学首届心理学专业的本科生，进入北师大，学制 5 年。大四的时候，李汉松老师教了我们班一年心理学史，给我们学生留下的是四点深刻印象：一是理论功底深厚，对心理学各个学派分析公正、客观；二是为人厚道，从不计较名利得失；三是艰苦朴素，勤奋认真；四是对人诚恳，关爱学生。最难以忘怀的是大四期末心理学史考试前一天，我接到了家父病重的电报，李老师获悉后，不仅与系里联系，同意我 9 月初开学时再补考，而且安慰，让我当晚购火车票回家照顾父亲。新学期前，我回到学校，系里安排我补考，监考教师仅李老师一人，但认真程度绝不亚于对整班学生的监考。3 天后他亲切地找到我说："考得很好，5 分！"前后发生的一切，使我十分感动。至今我仍记忆犹新，犹如昨天发生的一样，深感他师爱之深。

现在捧起李老师的《从零开始学心理学》，逐章逐节拜读，使我仿佛又回到本科大四时期，听李老师娓娓动听地、系统地讲授西方心理学史，不过比起当年，《从零开始学心理学》资料更丰富、更新颖、更生动，思路敏捷、清晰，观点深刻、睿智，尤其是我看到过去从未知晓的心理学史的史实、学派的观点和心理学家鲜为人知的轶事。特别要指出他对各个心理学学派乃至每位心理学家都一一做了精辟分析和评论，值得每位心理学家和心理学工作者一读再读。这就是创新，是理论心理学的学术创新。令我震惊的是，这部《从零开始学心理学》出自一位93岁的老人之手，而且李老师没有助手，没有研究生，所有的工作，从收集资料、选择照片、提出假设、验证理论、创新观念，都是耄耋之年的李老师一人完成。学问做得如此严谨，治学如此规范，我不仅从内心敬佩，而且一边拜读着，一边眼眶里湿润了：李老师，您太辛苦了！老师，您的为人为学的态度，永远是我们学生的学习榜样。

李老师的《从零开始学心理学》有两个突出的地方。其一，全书从古希腊的哲学心理学一直到当代西方心理学的新进展，深入论述其发展概况，评介其历史的功绩与不足；其二，从理论的探索到现实的应用，加上心理学家的一些故事，评介不同学派和个人在心理学史上的价值与贡献。可贵的是李老师的科学分析，就像当年他给我们讲授冯特、弗洛伊德、华生和格式塔心理学等四大学派的建立、心理学家的个人魅力、社会的评价一样。李老师最后一篇评介“当代西方结构主义心理学新思潮”。我们看到这一篇，它比起诸如一些西方心理学新进展的著作与教材来，一点也不逊色，而且把人格心理学、人本主义心理学、生理心理学、认知心理学、皮亚杰的结构主义发生认识论等，统统归为结构主义，这是十分合适的、科学的结论。这来自一位90多岁老人的思想观点与知识结构，从中可以看到李老师不减当年教授我们时的敏捷、清晰、深刻的思路。

认真拜读了李老师的《从零开始学心理学》，对我，也对中国心理学工作者有两点启示：一是要当好一名心理学家或心理学工作者，必须熟悉心理学史。我们应该全面地理解“以史为镜”这个规律性的结论，以史为科学研究，包括心理学研究的基础十分重要，正如李老师在序言中引证所说的：“在美国的心理学博士必须在心理学史上过关。”

这是科学研究的基本。二是要以西方心理学史为镜，逐渐地建立中国心理学派。记得1964年春天大四下学期，因受李老师讲授的心理学史的影响，我曾在日记里写下这么一段话："国外有那么多的心理学派，为什么中国没有？"我是以一种感慨的心态来写的，希望中国也和国外一样能有心理学派，促使中国心理学的发展。没有想到这一句话不知谁"偷"看了，不仅仅看了，而且向组织上汇报了。1964年9月，系里断章取义公布了我日记的内容，于是，我被批判为"野心家"。从今天来看，我觉得时代不同了，如果不把学派看得太神秘、太离奇或追逐名利之"组织"的话，它只是一种同一学科中由于学术观点不同、学说不同而形成的派别。中华民族文化，把学派看作是一门学问中由于学术师承不同而形成的派别，如紫阳朱熹学派、姚江王守仁学派。其实国外心理学学派多数也是与师承有关的派别。从《从零开始学心理学》中，我们可以看到精神分析学派、机能主义学派、格式塔学派等，就是以师承关系为基础所建立的学派。当然，我们不否认有些由于学术观点相同而形成的派别，但我们更应该看到有许多是师承关系所致。中国心理学发展到今天，已有很多"立一家之言"，当必须"成一派之说"，是时候了！这是中国心理学发展的需要，是中国社会经济发展的必然要求和历史选择。

李老师把西方心理学史及其进展写成了《从零开始学心理学》，马上要由中国法制出版社出版，并与广大读者见面了，我希望它不仅能成为我国心理学工作者、心理学学习者的阅读手册，也能成为其他行业乃至广大读者喜欢的心理学读本。

是为序。

林崇德

（中国心理学会前理事长，北京师范大学心理学部资深教授）

推荐序:《从零开始学心理学》是我们的故事

也许读者朋友会问我，为什么说《从零开始学心理学》是我们的故事？这里的“我们”是指谁呀？你如果有此问题，那你问我问得非常好！这里的“我们”有四层含义。其一，我们主要是指我同李老汉松先生，包括我们之间三十三年的师生关系和交往的故事；其二，我们是指所有心理学家和心理工作者；其三，我们是指包括你我他在内的所有读者朋友和你周围的人；其四，我们是指人类和动物等。

一

李老汉松先生是我们非常尊敬的长辈。我 1983 年在湖南长沙中南大学（当时叫长沙铁道学院）大三读英文专业，当时，我对心理学非常感兴趣，常到湖南师范大学拜访心理学长辈彭祖智教授、陈孝禅教授，还有郑和钧老师，由于他们的鼓励，帮助，辅导和推荐，我慢慢联络且认识了李老汉松先生，同时写信告诉他我对西方心理学史非常感兴趣。1984 年春季参加全国研究生考试，我和刘力师兄很幸运地被录为李老汉松先生的第一批西方心理学史硕士研究生。

我在北京师范大学读研期间，非常感激李老汉松先生系统指导我们研究西方哲学史和西方心理学史，他要求仔细研读西方原著且做笔记和写读书报告。这种严格训练让我终身受益。虽然我1986年到美国纽约州立大学攻读社会和人格心理学博士，但国内的训练对我后来的研究很有帮助；我在美国高等学府从事教学研究和行政管理工作已经三十多年，只要时间允许，我总是到母校北京师范大学看望李老汉松先生和其他老师。

我记得，2011年5月21日，由师兄刘力教授组织安排，我们在北京师范大学英东学术会堂隆重举行祝贺李汉松先生90华诞的庆典活动。当时，北京师范大学校长董奇教授、北京师范大学心理学院许燕院长和乔志宏书记，老一辈心理学家张厚粲教授、章志光教授、林崇德教授、郭德俊教授、张必隐教授、车宏生教授，南开大学的乐国安教授，李汉松先生的弟子以及北京师范大学心理学院师生代表和校外专家代表参加了这一盛会。董奇校长指出，李汉松先生一辈子潜心做学问和不断求实创新，这是北师大最宝贵的精神财富，为青年学子树立了楷模。张厚粲教授高度赞扬了李汉松先生的为人质朴和为学勤奋。林崇德教授说，他自己是李汉松先生教过的第一批本科生，先生对教育事业呕心沥血，始终坚持心理学的科学性，对生活永远积极乐观，非常值得我们学习。许燕院长认为，在李汉松先生身上，我们看到一个老教师对真理的永无止境的追求、对教育事业的无限忠诚、对教师职业的执着热爱和对学生的无尽关爱，这是北师大一个学者平凡人生的写照。北京师范大学心理学院的刘力教授用幻灯片展示李老汉松先生半个世纪以来对心理学史学科的传承与发展以及对我国心理学史研究的独特贡献。同时，我也代表李老汉松先生的弟子们发了言，感谢先生的指导和培养，并以四句话表达对先生的崇高敬意：“人生七十古来稀，九十华诞身心奇。学术严谨心理史，随和朴实吾学习！”

二

德国记忆心理学家赫尔曼·艾宾浩斯说过："心理学有过漫长的过去，但是却只有很短暂的历史。"不论是东方还是西方心理学，它所研究的事件和人却都是源自几个世纪之前的哲学、神学以及人们每天的生活。李老汉松先生《从零开始学心理学》这一本书，恰恰进一步证明了艾宾浩斯的说法是正确的。《从零开始学心理学》这一本书主要包括两大部分：哲学心理学时期和科学心理学创建时期。譬如西方哲学心理学时期包括希腊哲学家柏拉图和亚里士多德的心理学思想，以及希波克利特和盖伦的气质学说。科学心理学创建才一百多年的历史。德国心理学家冯特创建了第一个实验心理学实验室，可谓科学心理学之父！王充在《论衡》中有一句警言说："知今而不知古，谓之盲瞽；知古而不知今，谓之陆沉。"这里，我补加一句："知中不知外，失败；知外不知中，浮空。"做学问做科研要古今中外兼通，不可限于一隅。作为心理学家和心理工作者，简言之，古为今用，洋为中用。毋庸置疑，我们可以从李老汉松先生《从零开始学心理学》中获益巨大，因为它涉及的是我们心理学领域中巨擘的故事！

三

只要有人的地方就会有人的行为、认知和人的交往，诸如感觉、知觉、记忆、思维、情感、动机、态度、信仰等等，作为读者朋友，如果你想了解自己和他人，那么推荐《从零开始学心理学》——文笔流畅，深入浅出，有理有据，书中的描述涉及作为心理学专业人员和非专业人员的日常生活——我们每一个人的故事，可以说，此书是大众文化中的扛鼎之作。

四

我仔细拜读了李老汉松先生《从零开始学心理学》这一本书，我非常欣赏这本书的独特性、新颖性和客观公正性。譬如，他极妙地叙述斯宾塞和达尔文的进化心理学，展望和强调了进化心理学和生态心理学。这正好是国外心理学研究热点和未来趋势！其实，两百三十多年来的图腾心理学和人类学研究以及一百七十年来达尔文的进化心理学研究表明，动物是我们的先祖，或者说我们和其他动物是同根共祖，我们必须每天依赖和适应环境以生存，像其他动物一样，每天都为生活而奔波，为生存而斗争，都是为了种系的延续。我们并不比其他动物优越！《从零开始学心理学》也更有利于我们了解人同生态环境的关系，和人同动物的关系，故此它在某种程度上叙述了人类进化和生存的故事！

总之，《从零开始学心理学》是我们的故事！雅俗共赏，优秀之作！

黎岳庭

（美国南伊利诺伊大学心理学教授、博导，及研究生院院长）

Yueh-Ting Lee, Ph.D.

Professor of Psychology and Dean of the Graduate School

Southern Illinois University, Carbondale, IL 62901, USA

前言

《从零开始学心理学》终于出版了。

我的恩师郭一岑教授，在《现代心理学概观》中提出，西方心理学史必须按社会发展史的进程分阶段地进行研究，才能符合心理学发展的客观规律。按照这一思想原则的指导，在他的讲稿基础上，我经过长期的教学、研究和不断修改，才做出西方心理学史阶段性划分的工作。

我自己的工作着重在学习应用历史唯物主义，按西方心理学发展的历史线索顺藤摸瓜，探索两千多年来诸多人物思想的来龙去脉及其背景，力求按历史的本来面目理出一个前后贯穿并有因果联系的头绪，然后按初露的眉目用阶段论进一步分段研究，结集成书。其实，现有的五个阶段，国外学者如波林、伍德沃茨和舒尔茨等已分别零散地说到过，我只是将它们系统化并加以论证整理，理出一个比较明确的顺序罢了。为此，这个体系是个集体创作。当然，体系中的问题连同资料取舍中的差错难免，但我深信，以每个历史时期的思想主流划分阶段这一原则，大体上是可行的。希望前辈、同行和读者不吝指正，使其臻于完善！

这本书在古代、近代部分使用了唐钺教授《西方心理学史大纲》出版前打印稿中的一些材料，现代部分汲取了高觉敷教授主编《近代西方心理学史》的一些资料。在编写过程中，还一再受到高觉敷、朱智贤、彭飞、陈孝禅、张述祖和王景和等前辈、教授和同志们书面和口头的指导与鼓励，受到许多中青年教师同行的指正，以及我系进修员、学生的建议和催促。在这里恕不一一列举，只能一并致以谢意了！

据说曾经有一段时间，心理学史的课程不受重视，也曾引起有关学者的争论。例如，2011 年我的研究生为我庆祝 90 岁生日，其中一位学生黎岳庭，是美国一所大学的终身教授，他在庆祝会上说，在美国的心理学博士必须在心理学史上过关。其实，我的体会是心理学研究是一门比较深奥复杂的学科，历史上的多少心理学家犹如瞎子摸象，各执一端，各说各话，众说纷纭，莫衷一是，至今仍未取得一致的共识。这些事实表明研究和学习心理学历史是具有现实意义的，在此请愿为心理学研究和工作的同志，更加细心地学习和研究心理学的发展史，并从中得到启发，为今后的心理学研究开辟出一条康庄大道！

该著作《从零开始学心理学》原为《西方心理学史》，第一、二版由北京师范大学出版社出版，2014 年承蒙李佳同志的鼓励和建议，将原著加以修订，同时增加后现代心理学等章节成本书名为《心理学的故事》即第四版出版。2020 年，为了方便大家携带和阅读，我们将《心理学的故事》加以修订，并从形式改为《从零开始学心理学：心理学的诞生》和《从零开始学心理学：心理学与生活》两册图书进行出版。为此，写上这简短前言，加以说明，同时向李佳同志致以深切谢意！

于北京师范大学丽泽二楼

李汉松

目录

第一篇
现代西方机能主义心理学

第二篇

当代西方

结构主义

心理学新思潮

人的本质就是“个性化”。人得到的自由越多，就越个体化。个体化的合理后果是在人身上产生一种孤独感和一种无足轻重、微不足道之感。

CHAPTER 1
第一篇

The modern western
Functional psychology

现代西方
机 能 主 义 心 理 学

1 9 世 纪 末 到 2 0 世 纪 4 0 年 代

在我们说到布连塔诺和冯特在心理学对象问题上的争论，引起了学派纷争和“心理学危机”时曾指出，这场危机预示着西方心理学史上又一新阶段的到来。

第一，“心理学危机”，实际上是意识心理学的危机。意识心理学产生于哲学认识论，冯特的实验心理学只是对其中一部分即感知觉等低级过程进行了实验研究。意识心理学危机促使其中的实验方法和进化论思想结合，形成由动物心理实验成长起来的桑代克联结主义心理学和华生的行为主义，从此，西方心理学进入以机能主义心理学为主流的新阶段。

第二，和这一新阶段的演进相适应，心理学的对象在研究人类心理和动物心理有连续性的问题上提出了意识或智慧的起源问题，以取代前一阶段的研究意识经验。

第三，杜威、桑代克和麦独孤都先后相继地研究和解释了心理学中的反射弧概念，它标志着人们借以研究这一概念，为智慧的起源寻找研究途径。由此西方心理学沿着发生心理学和应用心理学两方面发展，而学习问题的研究则成为一项中心任务，前后时间约延续 50 年之久。截至 20 世纪 50 年代末行为主义发生危机，60 年代出现了认知心理学和人本主义心理学运动，历史才又向更新的阶段挺近。

由于以上的历史事实是在错综复杂的情况下进行的，内容十分丰富，将分成八章讲。前四章先讲新阶段如何过渡，后四章讲进入新阶段后，其他心理学派是如何卷入机能主义心理学这一主流的。先从意识心理学危机和构造心理学讲起。

阿德勒

人总是向上求成功、求胜利达到目的，人生来就如此。但人生来就有缺点，努力的目标就是为了弥补这种缺点。

安吉尔

机能心理学和感觉的活动打交道。机能心理学把心理活动作为对象，并且对生理和心理的关系发生兴趣。

杜威

心理是一种机构。社会道德和法律都是一些原则和目标，要实现它们必须通过一定的机构。心理就成为执行道德价值的机构或器官。

弗洛姆

人的本质就是“个性化”。人得到的自由越多，就越个体化。个体化的合理后果是在人身上产生一种孤独感和一种无足轻重、微不足道之感。

弗洛伊德

人的一切喜怒哀乐及其生死存亡都决定于无意识的潜意识性欲冲动及其种种变相的活动。

赫尔

研究行为不一定要依靠神经生理学，作为一种研究对象的现象本身，不必依靠产生它的东西。行为本身就是研究对象，不必依靠神经生理学。

华生

给我十几个健康的构造完善的婴儿，允许我自己规定环境以教养他们，我担保能够任意取出一个培养成任何专家、医生、律师、画家、商人甚至于乞丐、盗贼。

霍尔

由于霍尔一生遵循进化论思想研究发生心理学，推动了美国机能主义心理学的发展，曾被称为“心理学的达尔文”。

霍妮

神经症是一个人的自我和他人关系的失调，个人理想化的自我放弃了真我，使自身和真我、和他人分离。

卡特尔

卡特尔不重视理论体系的建树，只着重研究单个心理能力的个别差异问题。他的心理测量可分为六大项目，即反应时、联想、知觉和阅读、心理物理、等级评定和个别差异。

考夫卡

场在任何特殊的时候，不仅包含个人当前场的知觉，而且代表过去的记忆形式和各种欲望、幻想以及未来的计划。

苛勒

心理经验的系统秩序和物理的或生理的系统秩序之间存在着“一致性或同型性”。

勒温

人的心理活动是在心理场或“生活空间”发生的。生活空间由个人生活中的过去、现在和将来的一切事件经验和思想意愿组成。

麦独孤

原始的本能冲动永远是人和动物的行为共有的原动力，不同的只是人以对象的观念作为达到目的的手段进行的中介活动。

荣格

集体无意识是从猿人以来保留下来的对一些问题的基本观念或思想形式，以原型的方式遗传下来。个体的无意识只占无意识的一小部分，大部分是集体的无意识。

桑代克

如果我们有完善的关于人脑的全部历史知识，如果我们能够一秒钟、一秒钟地看到正在进行的人脑活动，那么就会在脑活动时发现伴随着人的思想生活和活动的平行变化。

沙利文

人是生物—社会的存在物，人类有机体和环境的相互作用是人格发展的中心因素。人类环境主要是社会的，人经验到的人际关系在模式化的人格中是最活跃的因素。

斯金纳

人和动物的一切行为都是反应和刺激的关系，反应就是一系列的操作，不论外显的和内隐的行为都是一样。行为是受刺激控制的，因此，安排好刺激就能控制行为。

铁钦纳

人类经验是始终进行着的过程，它是心理学研究的对象。但是心理学研究的心理过程，并不是整个经验世界，而只是依存于个人的这部分经验或心理过程。

托尔曼

迷津中的白鼠学会找到食物、猫学会逃出迷宫、人学会音乐，这些行为动作既有强烈的目的气息，也都包含着一种达到目的的手段。

韦特海默

在教育中不能长期依靠并始终应用重复练习的方法，否则养成完全是机械的行为习惯，会使学生变成机器那样活动，而阻止或妨碍创造性思维的发展。

詹姆斯

意识是接受来自感觉的刺激产生的一种力或过程，它像河流不断流动变化，所以叫作“意识流”。它从不重复，一去不复返，不再和以前相同。

SECTION 1 第一章

Structuralism and the Crisis of Consciousness Psychology

意识心理学危机和构造心理学

铁钦纳的构造心理学是冯特心理学的继承发展，两者的观点基本相同。西方的史学家把他们的心理学统称为冯特—铁钦纳的构造主义，说它是引起学派纷争和心理学危机的导火线。这和当时的历史背景有关。

第一节

不受欢迎的创始者：铁钦纳

铁钦纳为自己的构造心理学和当时美国刚刚兴起的机能心理学代表进行了长期论战。在论战中，铁钦纳锋芒毕露，得罪了不少同行，竟成为美国心理学会不受欢迎的人。

我们在第三篇前言中说到，老牌的资本主义英国于 19 世纪 30 年代出现第一次经济危机后，旋即出现法国孔德的实证主义，并于 40、50、60 年代相继出现德国的唯意志论、新康德主义和英国的新休谟主义以及 18 世纪末美国的实用主义等。这些哲学思潮，一方面要抵制马克思主义的传播，另一方面它们自身内部也进行着殊死的斗争。所谓“心理学危机”只是这些争斗在心理学对象问题上意见分歧激化的反映。我们已知道，冯特是个新康德主义者，他的心理学体系有浓厚的哲学气息，和当时具有一定进化论思想成分的机能心理学相比，它处于保守地位。铁钦纳的悲剧在于，他对先进的机能心理学正在成长有所觉触的时候，却为自己的思想观点束缚住，有意无意地担当起冯特心理学传统卫道士的角色，以至于他奋斗终生，一方面成为其他学派的众矢之的，另一方面却又为当时实用主义的美国机能心理学指出了发展方向，这种咄咄怪事和铁钦纳本身的经历有关。

铁钦纳出生于英国南部一个不很富裕的家庭，年轻时在牛津大学学习，深受英国经验论哲学的影响，在留校做生理学研究助手时，他把哲学和生理学结合起来，思想上倾向当时德国的生理心理学。1890 年铁钦纳到莱比锡向冯特学心理学。冯特的心理学体系中包含有英国经验主义的思想成分，特别是冯特的生理心理学即实验心理学部分，和铁钦纳的思想吻合，再加上冯特那种有条不紊、治学严谨的学风，使得铁钦纳十分敬佩，以至于处处摹仿，使他后来在治学和教育学生上竟成为一位冯特式的心理学家而著称。铁钦纳在德国时，还和屈尔佩一起受到阿万那留斯和马赫的思想影响，这些经历对他后来顽强地坚持冯特和构造心理学的立场影响极大。

1892年铁钦纳获得哲学博士学位回到英国，由于得不到支持，只好到美国康奈尔大学任教长达35年，培养了如波林、匹尔斯柏立等这样一批有成就的美国心理学家。

铁钦纳一生勤奋，有216部论著，主编过《美国心理学杂志》。他的重要著作有《心理学大纲》(1896)、《心理学入门》(1898)、《实验心理学》(1901—1905，四卷)和《心理学教科书》(1909—1910)等，他的遗著《系统心理学：纲领》(1929)记载了当时西方心理学的发展概况，追溯了各学派的历史，是研究西方现代心理学史的一本很有价值的参考书。

第二节

铁钦纳的构造心理学

前面说过，铁钦纳心理学与冯特的基本相同，只是他受阿万那留斯和马赫的思想影响，因而在具体说明时，也有些差别。

一、在心理学对象问题上

冯特认为心理学研究直接经验。铁钦纳解释说，直接经验，实际上是依存于经验着的个人的经验。铁钦纳为什么这样解释呢？这是他接受了阿万那留斯经验批判论的思想所致。阿万那留斯认为，客观存在的经验是中性的，当它依存于个人即神经系统时，就是心理学的研究对象。这个神经系统，阿万那留斯称之为“C系统”，它只是在逻辑上（不是事实上）和心理现象有依存关系。正如铁钦纳所说：“心理学家应当了解生理学，特别是神经系统生理学，这是很重要的。但是，心理学不是生理学的一部分。”因为“心理不是脑的机能”，而“身体只是心理的条件”（铁钦纳著 *A Primery of Psychology*）。可见，铁钦纳把直接经验解释为依存于经验着的个人的经验，是为了更明确地指出心理学的研究对象，只是以依存于个人的主体为转移的经验，而不至于引起误解。

二、关于身心关系问题

铁钦纳和冯特一样，也都是身心平行论者。只是铁钦纳有自己的解释。

铁钦纳在《心理学教科书》中说到他这种平行论规定：在神经系统内的过程和心理过程这两个事件是并排地进行着的，它们完全对应，但不互相干涉，神经系统不是产生心理的原因。因为它们是同一经验的两个不同方面，其一不可能成为另一的原因。铁钦纳还认为，他的这种平行论可以避免解释一些原来解释不了的现象。例如，生理过程在人的一生中总在进行着，可是，人在睡眠时，心理则消失；有时候，一个观念记不起来，直到数年后又忽然想起，而在这段时间里，生理过程都照样连续一贯地进行着，它和心理过程的间断性和零碎性是矛盾的。除非承认有无意识的现象存在，否则就无法解释这种矛盾现象。然而，意识心理学是不承认无意识现象存在的。如果用他上述的平行论来解释身心关系：生理过程属于物理化学过程，它同一切其他自然现象处在同一经验方面，保持它们的连续性和一贯性。只用神经过程说明相应的心理过程，像用一幅乡土地图说明我们在旅行时看到的山山水水和城镇、湖泊的片段一样，只和地形地貌相应，却无因果关系。

三、在心理学研究任务的问题上

冯特曾把心理看作一种过程，心理学的任务是研究心理过程的规律。铁钦纳同意冯特的观点并作了补充和修正。他强调，世界上并不存在不变的事物，人类经验世界最明显的事实是变动不拘的。人类经验是始终进行着的过程，它是心理学研究的对象。但是心理学研究的心理过程，并不是整个经验世界，而只是依存于个人（即神经系统）的这部分经验或心理过程。心理学研究的心理是心理过程的总和，如知觉、记忆、思维、想象、情感、意志等，它们都是随时变化的过程。

铁钦纳作了一番解释后，又回到冯特的立场，构造心理学的任务是描述和说明怎样把复杂的心理过程或心理状态分析为最简单的心理过程。然后又怎样从简单过程复合成复杂的意识，并从中得出规律和原理原则。

四、关于心理元素和心理复合物的问题

在心理元素的种类和属性上，他们之间有不同的看法，冯特只规定感觉的属性是性质和强度。例如颜色，他认为红、绿、黄、蓝等是性质；它们的亮度是强度。铁钦纳则认为感觉的属性有四，除性质和强度之外，还应加上久暂和清晰度。前者指感觉意象在意识中持续时间的久暂；后者指它在意识中的地位和作用。他认为如果某一感觉意象处在注意中心，就比其他感觉意象在意识中占优势。

1911 年冯特提出感情三度说（即愉快、不愉快，兴奋、抑制和紧张、松弛）。铁钦纳则认为，情感只有愉快和不愉快两种基本属性，其他两对属性只是它们的复合物。

在基本的心理元素数目上，他们也各有不同的估计。铁钦纳认为能意识到的最简单的感觉元素大约有 44000 到 50000 种，冯特认为情感元素比感觉元素的数目还要多。不过铁钦纳认为，不论元素的数目有多少，可以像化学那样将元素归类，最后都包含在感觉和情感两

种最基本的心理元素范畴内。这一基本观点他们是一致同意的。

冯特从唯意志论出发，认为注意也是一种最简单的心理过程，它是意志过程的体现。铁钦纳则从经验论出发，认为注意和感觉意象的清晰度有关，注意只是一种感觉属性的表现。

在心理元素的结合上，铁钦纳只讲到联想作用，这和他的英国传统的经验论思想有关。冯特则从德国传统思想还提到了统觉的综合作用。

在其他复合物和简单元素的区分上，他们也还有不同的意见，在这就不说了。

五、在研究方法上

铁钦纳和冯特一样，着重内省实验，只是铁钦纳更严格一些。他曾提出“刺激错误”这一概念。告诫被试不要用意义代替刺激。例如，当被试在凹凸不平的路上走时，他只能报告：感到哪一部分的压力大，哪一部分压力小，否则如果被试说感到“路不平”，这就用意义代替了刺激，犯了“刺激错误”。这种方法非但放弃了对许多心理现象的研究，而且严重地脱离了现实生活，使心理学只研究一种自我封闭的意识状态。正因为这些弱点，铁钦纳和冯特遭到激烈的攻击。

第三节

铁钦纳的论战

当时西方心理学界流行着如下的说法：各种心理学派别在思想路线上无非来自两个方面：一方面是从上向下研究，指的是从哲学认识论的逻辑推论出发，按认识心理结构的逻辑顺序研究心理学。另一方面是从下向上研究，指的是从生物进化论的发生学路线来研究心理学。

铁钦纳认为，从上向下研究主要代表是当时的布连塔诺及其意动心理学，属于旧的思想体系，后者属于新的研究路线。当时代表美国机能心理学发言人的安吉尔（Angell）认为自己属于后者，铁钦纳说他不是。在铁钦纳看来，当时安吉尔所代表的美国刚刚兴起的机能心理学，只不过是“用生物学伪装起来的进化论的假儿女”。安吉尔为此十分生气，并进行了反驳。铁钦纳自认为既不属于后者，也不属于前者，是一种纯粹的实验的科学心理学。为了保卫他的这一立场，铁钦纳对两方面的思想观点进行了论战。

一、对布连塔诺的反击

我们已知道布连塔诺对冯特的挑战。铁钦纳则在《系统心理学：纲领》中说到 1874 年出版了两本同样是第一流的心理学著作：一本是冯特的《生理心理学原理》，另一本是布连塔诺的《从经验的观点看心理学》。他说，这两本书有许多共同点。例如，它们都同意心理学在科学行列中应占一个很重要的地位，在逻辑上应在自然科学之前；都主张可以免去研究心理实体概念，把心理学限制在对现象的解说上；都拒绝无意识作为心理学的一个解释原则，确定意识在本质上是整体的等。但铁钦纳认为，这些相同点掩盖不了作者之间的歧义，而后者是主要的。他要求读者在这两种心理学中必须做出选择，绝没有中间路线。铁钦纳说，布连塔诺作为一个天主教神甫开始了他的事业。1867 年他从中世纪教会出发出版了哲学史。他是通过亚里士多德《论灵魂》的研究对心理学发生强烈兴趣的，并以亚里士多德的方法作为他科学研究的模式。不幸的是，他只完成了全书的第一卷。

关于冯特，铁钦纳则说，冯特是作为一位生理学家开始的，他的兴趣在于神经和肌肉的特殊现象。1862 年他探索了以感知觉的理论作为“实验心理学”的基础，“实验心理学”这个词，当时出现在印刷品上还是第一次。

铁钦纳说："这些就是最简要地概括了在这两种心理学研究下取得的形式和实质。一方面，我们看到一个对古代和中世纪哲学做过努力的人；另一方面，我们也看到，一个在实验室中对最新诞生的实验科学做出了贡献的人。"（铁钦纳著《系统心理学：纲领》，英文版）

铁钦纳还进一步说："一切实验心理学在广义上都是经验的，而经验的心理学在狭义上，也必须求助于实验。"这就是说，主张心理学是经验科学的布连塔诺，按理也应该求助于实验，用实验获得的资料对心理现象做出描述。可是，铁钦纳说，布连塔诺的心理学主要是推论的，冯特的心理学才主要是描述的。冯特的书充满了观察获得的事实，解剖学的、生理学的事实，心理物理的和心理实验的结果。只是在事实不充足的地方，才由假设来弥补。

我们知道，布连塔诺反对冯特把意识内容作为对象，因为内容是一种物理现象不是心理现象。铁钦纳反驳说：我们永远不会没有内容的动作；当我们形成概念时，我们感觉或者想象某些东西；当我们判断时，我们知觉某些东西，正确地认识某些东西，回忆某些东西；当我们爱或恨时，我们对某些东西有兴趣，欲望或遗弃某些东西。再说，心理现象和物理现象之间有精确的差异：物理现象是无限的和不活动的，例如我见到的颜色、形状和风景；我听到的声音；我感到的温暖、凉爽和气味。另外，虽然布连塔诺认为，心理现象是由于和内容有关而具有精确的特征，这就是意识内的对象性品质，它们的动作就借助于意识内的对象性实现的。但铁钦纳又说，等到在心理现象是内容的情况下，也不全是物理的，而有别的心理现象，心理动作就是由这一些内容或者动作的对象转化来的。铁钦纳说，以上这些就是布连塔诺的观点。其实，铁钦纳在这里把布连塔诺的观点转述成对冯特有利的观点了。既然，动作和内容不可分，动作也只是内容即动作的客体或对象转变来的，那么，所谓内容心理学和动作心理学的对立就不存在，而只是在分析中侧重哪一方面的问题了。铁钦纳把意识内容和动作加以调和，无非是要加强他奉行的冯特的内容心理学，亦即维护他自己的构造主义心理学。因为构造主义是完全建立在感觉元素即意识内容的联想主义基础上而与冯特心理学有所区别的。正是在这个前提下，铁钦纳才认为思维的作用不是统觉而是联想。

从当时布连塔诺的心理学思想看，他的动作心理学确实同亚里士多德的思想有联系。亚里士多德有个四因说，认为一切事物由形式和质料、目的、手段四个因素构成。心理、精神，当时叫灵魂，它是形式和质料（肉体）的统一结合成有机体的生命现象，具有生物学的特点。这种特点就是动物要保持生存，必须有达到生存目的的一种手段。灵魂的功能就是达到生存目的的手段。因此每种心理现象都有它所趋向的对象。例如，视觉的对象是颜色，听觉的对象是声音，嗅觉的对象是气味等。

亚里士多德的思想确实在布连塔诺的心理学中有反映，这种 2500 多年前的思想之所以复活，并得到传播，一是因为冯特的内省心理学脱离生活，解决不了生活中的实际问题，令人失望；二是亚里士多德把心理看作生命现象和心理学具有生物学特点的思想，使人们同当时的达尔文进化论的思想联系起来了。然而达尔文的进化论是一种科学，它和具有目的论的亚里士多德哲学是对立的。时代已在进步，布连塔诺却在老的哲学观点上找根据，也缺乏用进化论的新观点去改造旧思想的远见，故而铁钦纳确实击中了布连塔诺的思想要害。其实，布连塔诺的著作是 19 世纪 70 年代发表的，而进化论在 19 世纪 80 年代才真正渗入心理学。所以包括冯特的心理学中进化论的思想也不多，而且是来自斯宾塞的。

二、和安吉尔的论战

铁钦纳在《系统心理学：纲领》中说道：“意动心理学者生活和活动在逻辑学和认识论的气氛中；机能心理学的工作是在生物学的气氛

下进行的。”但是他认为，在机能心理学中没有生活的种子。机能心理学是一种寄生物。因为一般的机能心理学好像是在逻辑上先于教育、职业、法律、医学、工业的这些特殊“应用心理学”的“一般”应用心理学。这种一般的机能心理学是彻头彻尾的目的论心理学，它借助于和生物学类比制定一般标准，将我们实际生活中的正确行动和哲学理论调和起来。他认为，这种机能心理学有四种特点。

1. **承认意识“活动”或“机能”和它的“内容”或“结构”之间的区别**。在生物学上就是生理学的机体机能和形态学的机体结构之间的区别。铁钦纳认为，这种对生物学上的区分和经验心理学的区分作类比具有常识的吸引力，也有一定的合理性。不过，他认为，这只是为机能和内容的区别提供了一种方法，从而把经验的系统列于次要地位，成为一种新的经验心理学而已。他说，现代科学的特点是生物学，不是物理学、数学。既然生物学中提到结构和机能，心理学也可以用同样的术语。然而，在这里把心理学作为生物学部门的科学，只不过是在现代语言伪装下有效地乔装起来。一般的机能心理学只不过在术语上，用生物学上的结构和机能代替旧的经验心理学中的内容和机能，而问题的实质并未改变，它只是一种新的经验心理学。
2. **把意识现象和神经系统安排成彼此相应的机能系统**。铁钦纳认为，这种安排只要有机体还存在着活的神经组织，要想它和意识同步并行地存在是困难的。因为机能心理学既然把意识作为有机体生存的机能或工具，那么当人们做用手书写、骑自行车、驾驶摩托车、打网球等习惯动作时，意识怎么能成为工具呢？可是，机能心理学家却说，意识是意识到的心理学对象，并和神经系统活动相应，它是一种工具或机能。这又作何解释？他认为，把意识作为有机体生存的工具的观点，是不能和习惯行为的神经活动或反射动作一致的。

3. **机能心理学是目的论的。**铁钦纳说，这是对科学史的一种嘲弄。研究生命现象是要摆脱目的论，然而，安吉尔却说，心和意识的真实事业是寻找目标对有机体的生活条件做出合适的反应。这样一来，是不是心理学在它的对象的每一项利益上都确定下它自己的要求呢？如果是，那么红、绿视觉的发展又是如何帮助人的生存斗争这一目的呢？科学史证明，目的论本质上是非科学的。“心的生活科学”不允许有目的论输入的地方。

4. **机能心理学只不过是哲学的导言。**铁钦纳指出，目的论机能心理学成为一种过渡的东西，向上走向哲学，向下达到各种不同水平的应用学科，它的特点好像研究心理学不是为了自己，却总想超过自己达到某种额外的目的。例如，机能心理学家朗特（Ladd）认为心理学有双重任务即为哲学作导言或基础，为人类控制自己的生活。再如，贾德（Judd）就提出了“心理卫生学”。有人说，心理学和哲学的关系比和任何科学都更密切。也有人说，研究意识的主要兴趣是，它给了理解人类本性的钥匙，使我们能理智地去指导个人和社会的进程。

最后，铁钦纳指出机能心理学在亚里士多德的经验论里有它的根，但是它没有用科学本身的现代概念，而只是涂上现代的颜色。可见要从哲学的机能心理学转化为进化论思想的机能主义心理学是需要做一番努力的。

本章小结

历史表明，冯特—铁钦纳的构造主义心理学，只是当时意识心理学危机下代表正统思想的一种心理学体系。铁钦纳一生忠于这个体系，并为它进行了长期论战。在论战中，铁钦纳受自己构造主义的思想束缚，看不到当时美国哲学的机能心理学思想中潜在的新方向，反而对新生事物恣意挑剔来为自己脱离生活实际的所谓“纯科学的”心理学辩解，这就使他自己处于保守地位。这种地位恰恰是新的心理学发展必须克服的障碍，因而成为新心理学拥护者的众矢之的。舒尔茨说：“构造主义的最大贡献，或许是它充作批评的靶子。它提供了一种非常强有力的正统体系。这些较新的学派之所以存在，在很大程度上应归功于对构造主义为开端的心理学进行进一步的重新规划。”(舒尔茨著《现代心理学史》，英文版) 但是，舒尔茨的这一评论，只有部分是正确的。因为铁钦纳并不完全是一个消极的历史人物，除了在实验心理学上做出贡献外，如本章末节所述，他明确指出当时美国的机能心理学，只是哲学心理学，不但符合事实，而且他在论战中还提出一些积极的预见和忠告，以至于后来的美国心理学基本上是像他的预言中指出的那样发展的 (这在以下各章会见到)。

SECTION 2 第二章

Pragmatic Psychology in America
美国实用主义心理学

铁钦纳把 19 世纪末刚刚兴起的美国机能心理学说成是哲学的导言和进化论的假儿女，那是对新生事物的恣意挑剔。然而，他也并不是信口雌黄，而是有所根据的。

原来，当时美国的机能心理学和实用主义哲学关系密切，它们是互相促进、相辅相成，同时成长起来的。美国初期的机能心理学是实用主义的哲学心理学，只是以后从儿童心理、个别差异，特别是动物行为等方面进行了发生学的实验研究，才形成美国生物学化的机能主义心理学。它有一个演变过程。这一章只讲实用主义心理学的产生和演变。

第一节

一切都是工具

美国哲学的机能心理学是实用主义心理学。1890 年出版的实用主义创始人之一威廉·詹姆斯的《心理学原理》是它的思想先导。1896 年实用主义者杜威发表论文《心理学中的反射弧概念》，是它诞生的标志。

1906 年安吉尔的演说词《机能心理学的范围》提出了它的基本观点。当时安吉尔声明，他无意形成体系和学派。所以美国早期的机能心理学只是一种哲学心理学思潮，一种思想运动。直到 1925 年安吉尔的学生卡尔（Carr）才做了系统阐述，这时候，桑代克的联结主义（1905）和华生的行为主义（1913）已风行于美国和世界各地了。波林说，在 20 世纪初，美国心理学“已经从德国的实验主义那里继承了躯体，但从达尔文那里得到心灵”（波林著《实验心理学史》，英文版）。这是指哲学机能心理学通过实验研究按进化论思想走上生物学化道路的心理学，两者是有区别的。然而两者都受实用主义的思想影响，它们有共同的社会历史背景。

我们知道，美国的新兴，在 1861—1865 年南北战争统一全国之后，由于北美洲新大陆的条件比较优越，尤其没有像古老的英国那样有强大守旧的封建势力，却有来自欧洲各国的新生产工具和工业化经验，以及来自亚非各地及其土著的廉价劳动力可以利用，因而不到 50 年的时间遂实现了资本主义工业化。在工业化过程中，农村人口大量涌入城市，中小工厂尤其是工场作坊纷纷倒闭，大工厂不断更新机器设备、工人人数剧增，需要培养大量熟练工人等。当时美国的这些政治经济特色反映在意识形态上，就是欧洲的实证主义哲学传入美国，变成美国的实用主义，欧洲的机能心理学变成美国的机能心理学。实用主义以价值观代替真理观，把真理看作工具，鼓吹有用便是真理。机能心理学认为心理是有用的，它是生物适应环境的工具或机能。两者一唱一和，相辅相成，互相为用，以适应当时美国社会大工业机械化生产的需要，也成为资产阶级有用的宣传工具。因此，美国机能心理学和实用主义哲学的产生和传播都同样得到社会的强大力量支持。机能心理学的创始人詹姆斯、杜威都是实用主义者。虽然生活的具体环境和年代不完全相同，但是，他们都是这个时期美国大资产阶级的代表人物。以下各节就可以看到他们之间的共同特点和具体差异。

第二节

我们的命题不是唯物论：詹姆斯

詹姆斯出生在纽约城一个著名的富豪家庭，他的学术经历有点类似冯特，从学医开始（1864—1869）到学生理学和解剖学（1872—1876）时才对心理学发生兴趣，最后转入哲学（1879），是一个生理学家、心理学家和哲学家三者兼而有之的思想家。

詹姆斯提倡心理实验，曾于1875年建立了一个规模不大的实验室，但他“自己很少做实验，他的大多数理论是由内省、观察和细心思辨得来的”（A.F.Neel 著 *Theories of Psychology : A Handbook*）。他也写出了著名的心理学著作，却把“心理学称作有点儿别扭的科学，不是他终生消磨热情的事”。（舒尔茨著《现代心理学史》，英文版）他自己还说过心理学“只能算一门科学的希望”。1889年詹姆斯出任哈佛大学心理学教授，1890年出版著名的《心理学原理》，标志着美国真正有了自己的心理学。1892年他把这部两卷的著作压缩成一本书（中译本名为《心理学简编》）。这时詹姆斯已50多岁，他的健康状况不好，已扎根于宗教哲学。1907年他正式发表了《实用主义》一书，成为实用主义的创始人之一。

机能心理学之所以在美国诞生、传播，和实用主义曾一度在美国占统治地位有关，机能心理学是詹姆斯实用主义哲学的理论基础，又是实用主义原理在心理学中的具体应用。我们说詹姆斯的心理学是实用主义的心理学就是以此为依据的。1907年詹姆斯退休离开哈佛大学，1910年去世。关于詹姆斯心理学思想的基本观点可概述如下。

一、在心理学的一般理论上

詹姆斯和冯特一样，都把心理学规定为：描述和说明心理状态或意识状态，用内省法研究，并以弄清它们的原因、条件和结果为任务。但在具体说明时却和冯特不同。

■ 意识、心理是生物对环境的适应

詹姆斯说，旧官能心理学有个大错，它把记忆、想象、推理、意志等一些活动“建立在作为绝对精神存在的灵魂之上”，而“不考虑这些活动所涉及的世界特点”。现在我们则觉察到，这些内部官能是预先适应我们居住的世界特点的。例如，如果一种现象对我们的幸福是重要的，那么我们第一次遇到它就会激起我们对它的关心、危险的事物使我们充满不随意的害怕、毒物使我们不安、日用品使我们引起欲望。“总之，心理和世界是一起演化，多少互相适应的。”（W.James 著 *Psychology*）

■ 心理是一种有目的的反应，是有用的

詹姆斯继续说：“所有这种较近代的见解的主要结果是逐渐成长起信心的，心理生活首要地是目的论的。这就是说，我们已成长起来的情感和思想的各方面是因为它们在形成对外部世界的反应是有

用的。总之，新近的公式在心理学中较有贡献的莫过于斯宾塞的一个公式，其要义是把心理生活和肉体生活归之于一，即‘内部对外部关系的适应’。”“因此，首要的和基本的，心理生活是为了保存种族的活动利益。”(W.James 著 *Psychology*)

由此可见，心理生活的适应性、目的性和有用性是詹姆斯心理学的最基本观点，也正是上一章中铁钦纳给机能心理学指出的特点。

■ 在心理和生理的关系问题上

詹姆斯强调两点：

1. 一切心理状态都跟随有某种肉体上的活动。
2. 大脑半球中的某种活动是意识状态的直接条件。

他列举了许多脑损伤影响心理活动的事例，包括失语症。“把所有这些事实放在一起，就在心理上描绘出一个简单的根本概念，即心理动作可能一致地和绝对地是脑动作的功用。”不过他认为这个概念只是一种工作假说，是指“脑状态和心理状态之间的一致相关”，“脑的整个状态，不论何时都有一种独一的心理状态和它相应”。而且詹姆斯声称：“我们至少由于不肯定这种依存性来说思想的本性。”“我们的命题不是唯物论。”说到底，确实不是唯物论的一元论，而是身心平行论的二元论。詹姆斯心理学体系中的其他学说都是建立在上述的一般理论上的。

二、意识流学说

意识流这个概念，是詹姆斯用来反对冯特的心理元素主义的。他认为意识是接受来自感觉的刺激产生的一种力或过程，它像河流不断流动变化，所以叫作“意识流”。他认为，意识流有四个特点：

1. **每一意识状态总是属于个人意识的部分，它是主观的。**例如在我们之中只有具体的你的思想，或者具体的我的思想，而没有一个既不是我、也不是你的思想存在于课堂里。

2. **意识经常变化，只是不断地累积观念。**它从不重复，一去不复返，不再和以前相同。这是因为一股神经流不会给我们两次恰好相同的内部感觉。

3. **意识是连续不断的主观生命流。**意识流有快有慢，有过渡状态和实体状态。在意识中心之外还有意识的边缘，它叫“心理陪音”。这种心理陪音占意识流的1/3以上，它都不是实体部分。从一实体部分过渡到另一实体部分，内省是不能察觉的。因为一抓住它即变为实体。内省好像点灯找黑暗。

4. **意识的选择性。**他认为被选择的部分就是意识的实体状态，不过这种选择作用是由兴趣决定的。兴趣又被他看作由当时的环境刺激所引起的本能冲动。本能的冲动经过重复养成了习惯，成为个人生活和社会的重要基础。詹姆斯十分重视本能和习惯，素有本能决定者的称号。应该指出，关于詹姆斯的意识流学说，在西方当前的文艺思想中十分活跃，也影响到了我国的某些文艺作品。

三、关于本能和习惯

詹姆斯把本能定义为一种趋向一定目的的、自动的、不学自会的动作能力或冲动行为。他认为人类冲动可分为三种即感觉冲动、知觉冲动和观念冲动。例如，怕冷缩成一团是感觉冲动；见许多人跑也跟着跑是知觉冲动；见天快要下雨，找地方去躲藏是想象的观念冲动。一个复杂的本能动作可以依次激起这三种冲动，它是“最完善的先天综合”。这就是说，詹姆斯把一切心理的起因都归结为本能冲动。所以说，詹姆斯是个本能决定论者。

詹姆斯认为，本能冲动因重复养成的习惯会发生偏爱，这种偏爱对人类生活和社会存在都有积极作用。他指出，习惯对个人的实用效果有二：一、省事、准确，减少疲劳；二、减少动作操作时意识的注意。

关于习惯对社会的作用，詹姆斯说，习惯好比是社会的庞大稳定制动机，它是社会最可贵的保护势力。只有习惯我们人人安分守己，能使幸运儿免受穷人妒忌反抗。只有它会使人从小就学做人生那些最艰苦、最可厌的职业的人不改途变业。我们大多数人到 30 岁时，性格已经像石膏一样凝定了，始终不会再软了。

詹姆斯还提出“本能受习惯抑制”的原则，认为每种本能都可以引起两种相反的冲动，在婴儿早期如果某一刺激引起了一种冲动，产生了偏爱，就再也引不起另一冲动。人所表现出来的本能不如动物的数量多，就是有些本能被习惯抑制了。另外，他还根据这个原则，提出本能可以被改变的主张。这就是选择一种刺激，使有益于个人和社会的本能冲动在早期就得到表现，并使它养成习惯。他还认为，本能的表现有暂时性特点，它在一定的年龄时期内可以表现，过了这个时期再给予刺激和环境也会失去这种冲动。例如，把刚孵出的小鸡隔离 8—10 天后，再见到母鸡就漠不关心。相反，如果一孵出来就引小鸡跟人走，也会形成习惯能跟人走几里地。詹姆斯的这种本能决定论思想对后世影响很深，目前已发展成一种生物的生命节律学说和早期培训的教育理论。

四、关于自我的学说

詹姆斯从生物本能决定论观点出发，把自私的冲动作为人的自我的核心。他认为自我是主动的，是认识者、思想者，也是一种思想流或意识流。围绕着这个主动我(I)或思想流派生出社会的和精神的自我。因为为了自我身体的生存，首先必须关心自己，同时也关心朋友。在最低限度的自私自利的基础上要关心别人，以防止被社会淘汰，因而又必须认识社会上的其他事物，把这些认识了的东西形成集合体，作为被动的我(me)，为自我占有。这时主动我就不是一个实体，而是一种意识流，它在每一瞬间都变化着、前进着，把后来者变成自我(I)所占有的东西。

五、情绪学说

1884年詹姆斯发表《什么是情绪?》，提出了他的情绪学说，在此之前大家通常都认为情绪由感知觉的兴奋刺激产生，情绪引起身体动作，如见了熊害怕而逃。而詹姆斯认为这种说法不符合事实。事实是，见熊而逃跑的动作引起身体的变化而体验到怕的情绪。这是因为情绪是随着身体变化体验到的，它不是认识的事。1885年丹麦的生理学家和心理学家朗格（Lange, 1834—1900）也发表了和詹姆斯相同的观点，并且强调情绪和内脏变化的关系。历史上合称为詹姆斯—朗格的情绪学说。

这个情绪学说发表后引起许多人的研究。后来，美国人谢灵顿（Sherrington）在狗的颈部和内脏之间割断神经联系作实验印证。他认为，如果詹姆斯—朗格的情绪学说正确，那么这只狗就不应再有愤怒的情绪。但是手术之后，狗非但有愤怒情绪，而且还表现出厌恶。1915年美国心理学家坎农（Connan, 1871—1924）发表《疼痛、饥饿、害怕和愤怒在身体上的变化：关于情绪兴奋机能的研究报告》一书，提出他的情绪的丘脑学说。他发现，在切断猫的交感神经时非常不同的情绪状态和同一情绪状态都会使内脏发生同一变化。因此，他认为情绪的生理机制要从皮下中枢的丘脑中去寻找。以后坎农又以这个设想为基础，提出了他的情绪平衡论，认为有机体失去常性时，为了保持平衡，它的神经系统就引起情绪体验。

总之，詹姆斯把心理看作机体适应环境的机能和本能决定论等观点确实为心理学指出了一种新的倾向。但是詹姆斯心理学的主要方面是实用主义的哲学心理学。

第三节

教育改革者：杜威

詹姆斯主要是19世纪末期美国大资产阶

级的思想家代表，而杜威则是20世纪美国垄断资产阶级的社会活动家。他们的具体境遇不同，分担了不同的任务。

列宁曾经对20世纪初首先在美国，而后普及到其他资本主义国家的工厂管理制度——泰罗制——做过评论。列宁说："资本主义在这方面的最新发明——泰罗制——也同资本主义其他一切进步的东西一样，有两个方面：一方面是资产阶级剥削的最巧妙的残酷的手段；另一方面是一系列最丰富的科学成就，即科学分析人在劳动中的机械动作，省去多余的笨拙的动作，制定最精确的工作方法，实行最完善的计算和监督制等。"

和生产管理相适应，美国的教育进行了一系列改革。例如，1908年提出"设计教学法"，1920年有"道尔顿制"，以及什么"文纳特卡""综合法"教学等。但所有这些改革都有两大特点。第一，改革的范围主要是中小学的教育和教学。它的目标是按儿童的学习特点力求加快学习进度，以适应社会生产对中下级技术人员和熟练工人的需要。第二，改革的指导思想是实用主义哲学和机能心理学。例如，当时杜威提出的口号是教育即生长、学校即社会、儿童中心和做中学等，就是根据他的实用主义观点和机能心理学思想提出来的。

杜威（1859—1952）出生于佛蒙特州，是继詹姆斯之后的实用主义集大成者。1884年杜威在霍普金斯大学研究院的霍尔指导下获得哲学博士学位。1886年他出版了美国人写的第一本《心理学》教科书。只是这本书的思想不如詹姆斯的《心理学原理》影响大。在这本书里，杜威把心理学看作研究"自我"的科学，和研究"非我"的其他科学相对应。他认为没有自我就没有非我，没有"知者"就没有"被知者"。杜威说："那种假定作为心理现象的原因的物质运动，从来没有被认为有其独立的存在，这些物质的运动之所以被认为存在，只是由于它们和心的关系而已。”物质运动只有和心发生关系才能存在，这是阿万那留斯原则同样的观点，也是詹姆斯意识流的观点。波林认为，杜威后期的心理学思想就是这本书中阐述得不明确的观点的发挥。

1894年杜威到刚刚新办的芝加哥大学任教，在这里他因开办实验学校而闻名。1896年他在《心理学评论》杂志第三卷第四期上发表了《心理学中的反射弧概念》。这篇论文被认为是美国机能心理学诞生的标志。1900年他以美国心理学会主席身份在年会上发表《心理学与社会实践》。这篇论文是他上述心理学观点在教育工作中的应用。1904年杜威离开芝加哥到哥伦比亚大学工作共26年。他对心理学并无系统的论述，只在例如《哲学的改造》(1919)、《思维与教学》(1910)、《人性与行为》(1922)、《人的问题》等著作中偶尔提到。下面只从杜威在上述两篇论文中说到的心理学思想做一些分析和评述。

一、关于《心理学中的反射弧概念》

这篇论文的出发点是反对构造心理学的心理元素主义的。杜威在文中指出，把反射弧分为刺激和反应是一种简化论，反射弧不能归结为感觉和运动元素，正如意识不能分离为元素一样。他认为这种区分法是抽象化，是人为的结构，而应该把反射弧看作心理机能的主要器官，它的主要作用是“协调”。以儿童见烛光用手去抓被烧灼为例。当孩子伸手去抓烛火而被灼以后，这时他看见的是“一个意味着接触时就引起痛的亮光”。通常说，灼的感觉代替了光的感觉，从而改变了经验。杜威说，可事实上，“我们并没有用一种经验来代替另一种经验，而是一种经验的发展和调节。总之，‘观看’仍调节着抓握，而后由烧灼来解释”。杜威指责原来的反射弧概念拆散了这种协调、回路和连续的再组织，而求助于外界环境的压力，或者“灵魂”即“有机体”内部不可思议的自发变异。可见，杜威通过对反射弧的新解释既否定了外界刺激对反应的决定作用，又怀疑心理实质（“灵魂”即“有机体”内部）

的可认识性，而确定了心理机能的外围论观点。

另外，在这篇论文里，杜威把反射弧看作一个“回路”或叫作“器官”。他解释说：“正好像‘反应’构成刺激是必要的，要确定刺激是声音，而且是野兽或者强盗发出的声音，那么，这种声音的经验必须作为逃跑的意义继续存在，它维持着逃跑，调节着逃跑；再一次包括逃跑的运动反应加入了的声音，已不是单纯的声音。因为引起的运动反应改变原来的声音，是为了摆脱声音。结果是，不管怎么样逃跑的意义完全由声音的听觉来决定，这就是经验的中介作用。这样，我们就有一个回路，不是一个弧或者破裂了的圆圈断片。这个回路叫作器官比反射更真实。”

关于杜威这篇论文的历史意义，A.F. 尼尔评论说：“1896 年他的文章标志了美国新心理学的诞生。”(A.F.Neel 著 *Theories of Psychology : A Handbook*) 尼尔指的新心理学就是把心理看作有机体适应环境的有用工具，使心理学摆脱了构造主义的“纯科学”束缚，而和实际生活、教育改革联系起来。杜威的论文阐明了有机体就是通过回路的协调来适应环境的，为机能心理学确定了一个中心概念，影响极大。但是他强调反应动作先于感觉，强调肌肉运动的感觉决定感觉性质的观点，未免是实用主义反理智的思想在心理学中的表现。

二、关于《心理学与社会实践》

1898 年的这篇论文，指出心理学是教育理论和教育实践的基础。首先杜威指出教育科学是社会科学，心理学要为社会科学“指出方向和开辟广阔的道路”，成为教育理论和实践的基础。他认为，儿童和成人的最根本差别是心理学和生物学上的差别：成人是生活上已有一定职业和地位的人，负有特定责任，要求执行某些习惯；儿童的主要职务是成长，他“忙于形成不定型的各种习惯”，“为他以后生活的特定目的和目标提供基础和材料”。从这种观点出发，杜威批评了当时学校把儿童看作“小大人”的错误，指出教师面对的是正在形成各种习惯的具有肉体的人，要应付他和形成他的某些习惯、抑制和某些习惯有关的心理因素。这些习惯包括了智力的习惯、情绪的习惯和明显行为的习惯。他也反对片面地只注意提供引起儿童兴趣和愉快的刺激，忽视全面的教育要求，甚至放任学生读黄色书刊和有毒的小说而不管。他说：“假如我们的教师像技师一样地受过训练；假如我们的学校真正地在心理学基础上进行管理，就如同大工厂以化学和物理科学为基础一样；假如我们的心理学组织得更完善更有系统，能够对人性给予合适的机械的解释，就如同物理学解释物质一样，那么我们就永远不会想到要讨论这个问题了。”

不过，杜威认为实验室研究出来的规律，应用于日常生活时必须考虑到条件。例如，记忆的重复律是以无意义音节为实验材料的。如果在日常条件下也认为“重复是记忆中最主要的作用，那就值得怀疑，甚至于是错误的”。他认为学校介于实验室和社会之间，“在学校心理学方面的目的是最重要的——如注意、观察、记忆等习惯的形成，而在日常生活中这些都是次要的和不被注意的”。这些话是对的。

在论文的第二部分，杜威把心理看作一种机构。他说，社会道德和法律都是一些原则和目标，要实现它们必须通过一定的机构。心理就成为执行道德价值的机构或器官。所以他认为“心理学应用到社会组织上去乃是处理现时的伦理价值分配不均，胡乱执行以及不正常发展等问题的唯一科学方法”。如果这样做，“就承认了现在的秩序既不决定于命运，也不决定于机遇，而是基于规律和秩序、基于现存刺激和反应方式的系统。通过这一系统的知识我们就可以改变实践的结果”（杜威著《心理学与社会实践》）。

由此可见，杜威把心理看作一种协调、一种机能、一种机构和器官，并不是真正从生物学或生理学的结构和机能的相互关系的科学分析出发，而是哲学上的一种比喻，是他的实用主义哲学观点在心理学中的演绎和应用。他从分析反射弧概念到整个社会的道德和法律的思想，都贯穿着实用主义的哲学心理学观点，铁钦纳从一位具有哲学素养，但思想保守的心理学家角度，看到杜威心理学思想中的矛盾，对杜威的批评进行了反批评。安吉尔继杜威之后，又批评了铁钦纳，并且提出了机能心理学的基本观点。

第四节

机能心理学的发言人：安吉尔

安吉尔（1869—1949）出生于佛蒙特州，安吉尔在密歇根大学学习时是杜威的学生。1892 年安吉尔在哈佛大学詹姆斯指导下获得硕士学位，后来去德国莱比锡大学留学，但未得到博士学位即回国了。1894 年安吉尔和杜威同一年来到芝加哥大学，他任心理学副教授并主持该大学的心理学实验室工作。在芝加哥，他工作了 25 年，被称为当时机能心理学的发言人。

1896 年杜威发表《心理学中的反射弧概念》，批评构造心理学的心理元素主义。1898 年铁钦纳给予了答复和反批评。当时，铁钦纳从生物学和进化论观点出发，认为生物学中有形态学、生理学和发生学。心理学和生物学相比，相应地有构造心理学、机能心理学和个体发生学，这是心理学中包含着的相互联系着的三个部分。铁钦纳说，自古代亚里士多德开始到 19 世纪都把心理作为机能看待，而把心理作为结构或构造的，只是有了实验心理学才开始。这是由于历史证明，不研究心理结构，不仅得不到应有的进步，而且使心理学的研究有趋向于目的论的危险倾向。同时，关于心理机能的研究在发生学没有得到发展以前是难以有所进展的。铁钦纳接着说，正因为过去关于心理的机能研究得过多了，现在应该停一停，只有弄清了构造以后再研究机能才较为妥当。他解释说，机能心理学研究“为什么”，构造心理学研究心理是“什么”以及它是“如何”发生的。只有研究了“什么”与“如何”，才能更好地研究“为什么”的问题。后来的事实证明，机能心理学促使动物心理学、儿童心理学和教育心理学等分支学科的出现和研究，都属于发生学范围的成果。由于这些分支学科的发展进步，美国机能心理学运动几乎渗透到心理学的各个领域。正如波林说的，当时美国的心理学工作者几乎都是机能心理学者，只有铁钦纳及其周围的少数人除外。

1906 年在哥伦比亚召开的美国第 15 届心理学会年会上，安吉尔以主席身份发表了题为“机能心理学的范围”演说，未指名地批评了铁钦纳，也提出他自己的机能心理学的基本观点。

1908 年安吉尔在他的《心理学》教科书第四版（1904 年出第一版）序中提到，构造心理学和机能心理学在方法上的区别。他认为，心理学不应只限于内省或主观观察，还应包括客观观察，如心理物理学的方法。他还强调机能心理学“主要是生物学的观点”。1921—1937 年安吉尔任耶鲁大学校长，于 1947 年去世。

一般认为，1906 年的演说词（即《机能心理学的范围》）是安吉尔心理学思想的代表作，它的要点如下：

第一，承认机能心理学起源于亚里士多德，它的近代著作可追溯到斯宾塞的《心理学原理》（1858）和达尔文的《物种起源》（1959）。

第二，在心理学的研究对象和任务上，他认为“机能心理学和描述心理学是同义的，是作为和心理构造相区别的心理动作的理论”。它反对分析和把意识说成是元素的复合物。主张了解和描述实际生活条件下意识的操作。当构造心理学和描述感觉元素打交道时，机能心理学和感觉的活动打交道。机能心理学把心理活动作为对象，并且对生理和心理的关系发生兴趣。

总之，芝加哥学派支持：

第一，“和心理元素主义的心理学相对照，确认机能主义是心理操作的心理学”。或者相反，“作为和意识是什么的心理学相区别，它是意识如何与为什么的心理学”。

第二，讨论“有机体的环境和需要之间的中介作用”，“这就是意识的基本效用的心理学”。

第三，“把心理物理的心理学作为描述的机能主义”。

安吉尔认为，只要承认以上三种观点中的任何一种都属于机能主义的心理学。

由此可见，直到 1906 年美国的机能心理学只是阐述了一般的基本观点和原则，它缺乏具体的实际研究成果和系统的理论。或许就因为此，注重实验研究的铁钦纳才坚持己见，并在论战中提出机能心理学应该怎样才能发展的预言和忠告。

第五节

卡尔与晚期的美国机能心理学

卡尔（1873—1954）是安吉尔的学生和芝加哥大学心理学系主任的直接继承人。代表卡尔机能主义思想的心理学著作有：《心理学》(1925)、《1930 年的心理学》中《机能主义》一章。卡尔的其他一些著作如 1935 年的《空间知觉导言》表明了他的思想已有转变，有人说读了这本书后已看不出它的作者原来是芝加哥学派的机能主义者了。

关于卡尔的机能主义心理学思想可概述如下。

一、关于心理学的对象

1925年卡尔在《心理学》一书中把“心理活动”作为心理学的研究对象，该书的副标题就是“心理活动的学科”。他认为，“心理活动”是个发生学名词，例如知觉、记忆、想象、推理、情感和意志等，凡是能够使行为得到巩固、重视、组织、正确评价和指导而且有成果的有用活动，就是心理活动。他把这些心理活动所表现出来的行动，叫作适应的或顺应的行为。卡尔对这种行为的性质解释为“有机体关于它的物理环境或社会环境的部分反应，这种反应的性质是为了满足有机体的动机条件”。另外，卡尔把心理对经验的操作看作“是获得更有效的顺应世界的手段”，认为这种手段有三方面的效用，即“它的适应意义，它对以前经验的影响以及对有机体未来活动的潜在影响”。他认为，每一心理活动都是有用的，如果一个人突然失去他过去由心理活动获得的一切经验，那么，他就会像婴儿一样变成无用的了。

最后，卡尔把这种适应性反应操作的心理活动，看作是心理—物理过程，它是由两种不同秩序的过程平行地进行的。他说：“一方面，存在着‘意识’或非物质的过程；另一方面，是机体的或物质的过程。意识过程构成心理学的对象，物质过程属于生理学范围。”而“心理动作被看作是一系列非物质的或精神的事实。这些事实只能和一系列生理过程同时发生”。（卡尔著《心理学》，英文版）可见，卡尔在心理实质和生理—心理的关系问题上所持的是二元论的平行论观点。

二、关于研究方法

卡尔主张采用多种方法，不论主观内省、客观观察，还是实验都可用。因为各种方法都有优缺点和局限性，要互相补充、取长补短。他说，通过客观观察固然能知道人的行为，例如某人正在思考。但是，他怎样思考，是用词还是用视觉表象进行思考的？这只能由他自己主观内省才知道。这种内省是否真实，又可以通过客观行为表现所得到的资料作印证。他认为，从这意义上说，研究动物、婴儿、原始人和变态者的行为表现，来补充说明正常人的心理活动是可取的。同样，实验方法也可用其他客观方法补充。实验是有控制的，不过人类心理的一切方面并不都能控制。因此，他认为通过研究心理的创造物和社会产品、发明等间接方法，“为了解心理的发展方面是有意义的”。

三、关于心理学和其他科学的关系

卡尔把心理学放在有机体生命的生物学部门，认为在动物机体反应中心理学和生理学处于最密切的关系，它们是研究机体活动不同方面的两种科学。不过他认为心理学要从许多方面搜集资料，因而同许多学科有关。如社会学、教育、神经学、生理学、生物学和人类学以及生物化学。有些心理事实还可以从律师、医生和精神病医生以及工商业实践中得到有启发的资料。他说：“事实上心理学的资料可以向人类所从事的一切活动范围内去搜集。”可是又说：“虽然心理学在这些领域确实发挥过相当大的影响。然而这个实践纲领多少还只是一种设想。因为心理学还没有获得关于人性的恰当的或完善的知识。”

四、关于反射弧和适应性行为的关系

卡尔为了贯彻机能主义，他指出两个互相有联系的概念即反射弧和适应性行为及其关系。卡尔说：“通常把神经系统当作一种导体，它是把能量从感觉器官传送到肌肉和腺体的介质，是感觉刺激转化为适应性运动的一种手段。”但是，“一切感觉刺激对行为发挥某种影响，并不意味着这些影响能容易观察到的”。同样“所有活动都由感觉刺激发动的现象，并不意味着客观环境决定有机体行为的品格”。因为“由刺激引起的动作性质，大体上是内部器官的条件决定，即由有机体的结构和生理倾向决定的”。既然，“每一反应必然改变感觉情景，因此对于一个有机体的环境联系性质来说，在某种程度上是它以前反应的机能。这样，在某种限度内，有机体控制和调节它们的环境。例如，人类总是把他的环境转变为适合他自己的目的。每个有机体在某种限度内是自我激发、自我控制和自我确定个体活动的。没有一个有机体完全受它的客观环境摆布”。这样，卡尔就提出了前面已提到过的另一个基本概念即关于适应性动作概念。

关于适应性动作的性质，卡尔做了进一步解释。他说：“一种适应性动作包含有一种动机性刺激、一种感觉情景以及一种用满足动机性条件的方法来改变该情景的反应。”他举例说，一个饥饿的个体发现一种食物，对这物体的反应就是一直吃到满足他的饥饿。饥饿是一种动机性刺激，它引起并加强动作的能量。没有饥饿，这个个体就不会对食物做出这种方式的反应。食物是主体去直接反应的刺激性客体。这种客体可以被称为诱因，或叫直接目的，或叫反应目标。个体借助于这种手段适当地操作这个物体以满足他的饥饿动机。当个体行为不再发生，那就是说“满足了”动机。因此，他把动机定义为“在个体行为中占优势的相对持续的那个刺激”。“这种刺激的动机作用，要一直到个体用这种方法不再起作用为止”。他说，“基本动机”如饥饿、渴、性等常被称为“机体的需要”，因为它们的满足对于机体的继续康乐和存在是主要的。有时，这些动机被说成是人类活动的“内驱力”，或叫“主要动机”（卡尔著《心理学》，英文版）。

由此可见，和詹姆斯、杜威、安吉尔相比，卡尔的机能主义心理学明确了对象和方法，提出相应的学说和系统的说明，形成一个心理学体系。但是，这已在1925—1930年间，这时候，桑代克的联结主义和华生的行为主义已成为闻名于美国国内外的心理学派别了。

本章小结

美国的机能心理学主要是在实用主义影响下利用进化论思想衍生出来的一种心理学思潮。这种思潮的兴衰和转化与实用主义哲学的消长密切相关。它们都是适应当时美国社会生产和政治经济的需要，适应美国垄断资产阶级要求的。但是，另一方面，机能心理学也适应了西方心理学的发展总倾向，尤其迎合了生物进化论的思想，把心理学从看作自然科学，到看作生物学类的科学，从而使心理学同生物的生存和人类的生活实际联系起来。这就使心理学有可能摆脱构造心理学传统思想的束缚，有可能从发生心理学和应用心理学两方面进行研究。因此可以说，美国早期的机能心理学，主要是一种哲学心理学，它为生物学的机能主义心理学指出了发展方向。下一章我们就可以看到这一发展方向是如何进行和达到目标的。

SECTION 3 第三章

Functional psychology and Connectionism Psychology
机能主义和联结主义

上一章我们说到，美国的哲学机能心理学指出了发展方向，而生物学的机能心理学借助于实验方法和达尔文进化论相结合，从发生心理学和应用心理学两方面，奠定了美国机能主义的“科学基础”，从而促使美国乃至现代西方的心理学进入以机能主义心理学为主流的历史阶段。本章的主要任务是试图通过简介霍尔、卡特尔（Cattell）在发生心理学和应用心理学两方面的研究工作，以及桑代克联结主义的产生和应用，来阐明这一历史进程的线索和梗概。

第一节

“心理学的达尔文”霍尔与第一个心理学教授卡特尔

霍尔和卡特尔都去过德国莱比锡大学直接向冯特学习心理学。霍尔是冯特的第一名美国学生，卡特尔是冯特的第一名美籍助手。正是这些美国的早期留德学生，把德国的实验主义精神带回美国，按美国传统的思想特点进行了创造性的研究工作，才使美国心理学进一步摆脱构造心理学和哲学机能心理学的旧思想束缚，而真正形成以进化论思想为主导的机能主义心理学。

霍尔稍年轻于詹姆斯。卡特尔和杜威一样，一度向霍尔学习过，是美国第二代心理学家。卡特尔又是美国第三代心理学家桑代克和伍德沃茨的博士论文的导师。同时他们三代又都向詹姆斯学过心理学，这表明他们都受到实用主义的影响，只是各人的具体境遇不同而显示出差别。

霍尔（Hall，1844—1924）出生于马萨诸塞州的一个乡村城镇，青年时从黑格尔哲学接受了进化论，却又进了神学院学习当牧师，直到 1874 年读了冯特的《生理心理学原理》发生兴趣后，才下决心学习心理学。他在莱比锡学习的时间虽然不长（约半年），但自 1880 年回国后的十年间，霍尔却成为当时美国心理学界最有影响的人物。在这期间，霍尔创办了美国第一个心理学实验室（1883），第一种心理学刊物——《美国心理学杂志》（1887 年至今），担任美国克拉克大学第一任校长（1888），美国心理学会的组织者和第一任主席（1892）。1891年和1904年他还创办了《教育起源》。后来该杂志分为《发生心理学杂志》和《宗教心理学杂志》（后者于1915年停刊，前者直到现在仍继续刊行）。在《教育起源》的一期中曾载有关于铁钦纳和桑代克论战的评论文章。其中说到，由于桑代克1905年出版的《心理学纲要》，改变了冯特心理学的体系，使冯特不满。铁钦纳起而攻之，并对桑代克进行了人身攻击。我们提出这件事，是由于波林的《实验心理学史》（1929）注释中未见到桑代克这本书的书目，而这个书目却在伍德沃茨的《现代心理学派别》（1948）中列入参考文献。这是因为波林是铁钦纳的学生，他的《实验心理学史》是以冯特—铁钦纳的正统实验室实验心理学为标准编写的。而桑代克以研究动物实验起家，因此他的基本理论著作也受到忽视。另外，伍德沃茨却是桑代克的同窗和挚友，深知桑代克的心理学思想及其历史地位，因而列入书目。或许，波林是研究心理学史的权威，致使西方心理学史的著作中都把桑代克作为动物心理学家和教育心理学家，而忽视了他在心理学基本理论中的影响。

霍尔在克拉克大学的36年中培养了81名心理学博士，其中有以研究心理测验和个别差异著称的推孟（Terman）和在发生心理学与心理测验有贡献的其他心理学家。1909年庆祝克拉克大学成立20周年校庆时，霍尔邀请到弗洛伊德和荣格来校讲演。这是弗洛伊德去美国的唯一一次讲学，他的讲演和活动为精神分析以后在美国的传播打下了基础，同时也标志着一向被学院派心理学家看作江湖骗术的精神分析得到学院派的承认。这是西方心理学史上具有历史意义的事件。1920年霍尔退休，1924年去世。

霍尔以进化论为主导思想研究发生心理学方面的问题。他是美国第一个儿童心理学家。当时的克拉克大学是美国儿童心理学的研究基地，研究过人类和动物的发展、适应和发展的关系问题，对儿童和青少年进行过多次调查研究。在研究方法上，霍尔对冯特的实验室方法不感兴趣，认为它的工作范围和目标都太狭隘。他采用了从德国学来的问卷法，对儿童的心理进行系统的调查。由于霍尔的提倡，问卷法后来成为了解儿童经验和研究心理发展上的一种重要手段，但它却有缺乏控制、所得资料不精确只能供参考的缺点。

1904 年霍尔出版《青年期：它的心理学和它与生理学、人类学、社会学、性、犯罪、宗教以及教育的关系》两卷本巨著（约 1300 页）。这部著作搜集了许多资料，是一部百科全书式的发生心理学方面的著作。其中阐述了心理发展理论，提出个体发展是种族发展生活史的重演即复演的思想。霍尔退休后，还于 1922 年出版了《老年期》一书。

由于霍尔一生遵循进化论思想研究发生心理学推动了美国机能主义心理学的发展，曾被称为“心理学的达尔文”。

卡特尔（Cattell, 1860—1944）着重研究心理测量和个别差异，在应用心理学方面推进美国心理学向机能主义方向发展。1880 年卡特尔在他父亲任院长的学院里获得博士学位。他曾两次留德在莱比锡大学学习。学习期间，他违反冯特的规定，在宿舍里用反应时实验研究个别差异，并在三年的学习中发表了六篇关于反应时和个别差异心理研究的论文。

1886 年卡特尔获得博士学位，回国后担任过几所大学的讲师。1888 年在英国剑桥大学任讲师时，结识了高尔顿。他欣赏高尔顿的测量法和统计，使他后来成为美国人中第一个强调研究心理学要分等级、定量的心理学家。这为后来智力测验在美国形成一种运动做了思想准备和开辟工作。1888 年卡特尔被授予心理学教授的职称，这是世界上第一名心理学教授。1891 年卡特尔到哥伦比亚大学工作，担任了该校心理学系的系主任。在哥伦比亚的 26 年间是他最有成就的年份，培养了许多学生，桑代克和伍德沃茨就是他在这时期培养的博士。1917 年第一次世界大战期间，卡特尔反对把不愿服兵役的青年强迫送上战场，被大学当局作为借口把他解雇。从此后，卡特尔从事出版等工作再也未曾回到大学。

卡特尔在心理学研究上，不重视理论体系的建树，只着重研究单个心理能力的个别差异问题。他的心理测量可分为六大项目即反应时、联想、知觉和阅读、心理物理、等级评定和个别差异。这些工作都是创造性的，且有一定的成绩。他还用高尔顿的平均误差法代替费希纳的最小觉差研究心理物理学。不过卡特尔使用的心理测量比较简单。他曾把他的心理测量作为哥伦比亚大学新生入学考试中的一项进行研究，结果发现这些受测的心理能力太简单和学习无关。不过，卡特尔强调客观的研究方法，这在反对主观内省和脱离生活实际的冯特式实验室研究工作上是有贡献的。卡特尔从应用心理学方面推动了美国机能主义心理学的发展，桑代克的联结主义及其应用，就是在他的思想影响下形成发展的。

第二节

像猫一样学习：桑代克的联结主义

桑代克（Thonndike, 1874—1947）在詹姆斯和卡特尔的鼓励和指导下，首创动物心理实验，创建联结主义心理学和教育心理学体系，为美国心理学步入以机能主义为主流的历史阶段奠定了基础。

伍德沃茨在评述当时的动物心理研究和桑代克联结主义的历史意义时写到：冯特《人类和动物心理学的讲演集》(1862) 和摩尔根 (Morgan)《比较心理学绪论》(1894)，对于当时青年实验主义者转向动物研究，无疑给了很大的影响。特别是在美国初创的心理实验室里，动物研究工作很快就被肯定下来，同时这当然也会改变心理学系的气氛，使它更减少哲学意味，更增多生物学色彩。关于动物学习的实验报告，来自哈佛、哥伦比亚、克拉克大学实验室的，发表在 1900 年以前；来自芝加哥和其他几个大学实验室的，发表得稍微晚些。这些早期的研究真能说是划时代的，一则因为这些大量而有成效的研究至今持续未已，二则因为从这种研究产生了两个理论上的学派：桑代克的联结主义和华生的行为主义。

一、桑代克生平

桑代克在威斯莱大学临毕业前一年想报考研究生和享受奖学金，专门学了詹姆斯出版不久的《心理学原理》。1896 年桑代克在哈佛大学开始用小鸡做动物心理的实验得到詹姆斯帮助。后来在哥伦比亚大学，桑代克得到卡特尔的支持改用猫和狗做实验对象，并于 1898 年在卡特尔的指导下完成了博士学位论文：《动物智慧：动物联想过程的实验研究》。1911 年桑代克将这篇论文题名《动物智慧》（包括其他论文）出版单行本。现在这本书已是动物心理学史上的经典著作。

1899 年经卡特尔的推荐，桑代克在哥伦比亚大学教育学院担任发生心理学教员，1901 年升任为教育心理学副教授，1904 年升为教授。1905 年他出版《心理学纲要》，这是一本关于心理学基本理论基础知识的教科书，全书分描述的心理学、心理生活的生理基础或生理心理学和动力心理学三大部分。桑代克在序中说到，这本书对构造心理学从官能心理学残留下来的感知觉、记忆和思维等概念有所修正，把这些概念中微妙的动力抽出来放在动力心理学部分的本能、习惯和情绪、意志中讲。他认为，这样的变动既符合当时心理学趋势，也便于教学。这就是说，桑代克的这部著作，是以改造旧心理学，发展新心理学，试图将心理结构和心理机能融为一体，并系统地阐明他自己的心理学基本理论为目标的。

1903 年桑代克出版了第一本《教育心理学》，讨论人性和个别差异。1911—1913 年，又相继出版三大卷《教育心理学》，1914 年缩编成一册，题名为《教育心理学概论》出版（有陆志韦中译本）。这是桑代克联结主义在教育工作中的具体应用，也是历史上第一部教育心理学的系统著作，它标志着教育心理学作为一门新学科正式问世。后来他从事教育测验。到

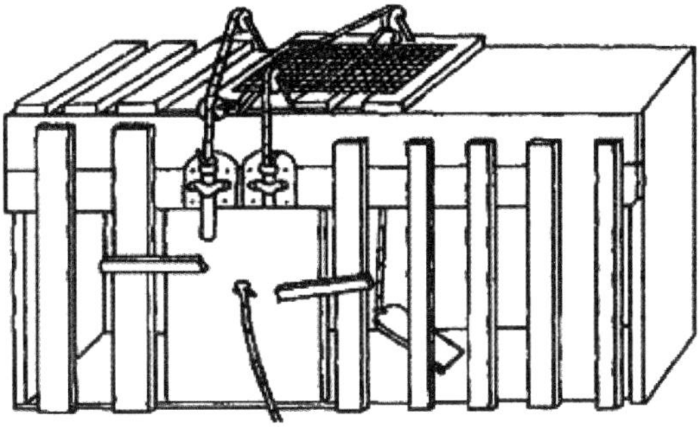

[3-1] 桑代克的迷笼

1926年成为美国智力测量运动中的领袖人物之一。晚年，他又从心理学角度探讨了社会问题，于1939年出版《人性和社会秩序》。1940年桑代克退休。退休后，他仍继续研究心理学，于1949年去世。

桑代克一生发表了500多本论著，除上面已介绍过的和本章有关的重要著作外，还有《人类的学习》（1931，有赵演和胡毅的两本中译本）、《学习要义》（1932）、《成人的学习》（1928，有杜佐周等的中译本）、《论个性》（有舒新城译本）和《教育之基本原理》（与盖兹合著，有宋桂煌中译本）等。

二、桑代克的动物心理研究

动物心理的研究始于达尔文的进化论，他提出人类心理和动物心理有连续性的问题。之后罗曼尼斯（Romanes）用拟人观描述动物心理，遭到人们的反对。摩尔根提出吝啬律即能用低级心理说明的绝不用高级心理就是针对拟人观的。桑代克研究动物心理的目的是在通过实验探讨心理的发生发展，论证人类心理和动物心理存在着连续性的问题。例如，他放饿猫在笼内，笼外放着猫可看到的鱼。饿猫欲出来吃鱼，起先往往乱动、乱抓、乱咬，突然把门打开，逃出笼来得食。桑代克认为，动物就是通过这样的多次尝试错误和偶然成功的渐进过程习得行为经验的。

桑代克在说明实验要求时指出，这项实验要反复进行，直到动物对那个“笼箱内部的感觉印象和引起成功动作的冲动之间形成一个完善的联想”。桑代克把动物的这种联想叫作联结，以示其和人类的观念联想有所区别，它的作用正像人打网球时用这种联结调节行动一样。桑代克认为，这种联结为人类和动物所共有，它标志着动物的智力活动和人类心理存在着连续性和“同源现象”。以后，由于生物进化到灵长目如猿猴，直接的联结渐次分离出一些间接的联结或因素，这些因素是可以自由—浮动的观念。人类意识就起源于这些自由—浮动的观念不断增加。人类思维就是对众多观念的选择和联想。

桑代克认为，他的这些发现可以使我们在自然界的动物生活中看到许多遗传联结和反射是怎样巩固起来的，也可以由此抛弃那种把人类意识看作由极细碎的感觉元素构成的心理元素主义观点，而把人类意识看作从直接联结（分化为间接联结）的进化过程发展成的。他还认为，如果上述假设成立，那么自古以来从未得到解决的人类智慧起源问题，就可以得到一种遗传学上的理解，并为今后研究“给我们提供了一种比较心理学的工作假设了”。

1934 年巴甫洛夫在一次星期三讲座中说道：“桑代克是首先研究出尝试与错误的人”，“在动物行为客观研究道路上走第一步的，按时间先后来说是桑代克”。

三、桑代克联结主义的基本观点

上面说到，桑代克是通过动物心理实验确定联结概念的。其实，联结概念的思想先导是 19 世纪的贝因在描述幼儿开始学习说话时提到的（参看唐钺著《西方心理学史大纲》）。后来摩尔根在观察动物行为中，也应用了这种解释，并提出“尝试与错误”这个用语。桑代克的联结主义心理学理论就是以联结概念和“试误—偶成”的实验方法为核心建成。它的基本观点概述如下：

■ 关于心理学的研究对象和方法

桑代克把心理学对象定为“心理行为”，认为心理状态和动作及其联结是心理行为的基本单位。他还把这个单位归结为情境（刺激）和反应的联结。人和动物一样，任何特殊的心理行为都可用它来描述和分析，一切联结的总和就是有机体的心理行为整体。

在具体研究人类心理时，由于人有语言可以用来代替动物实验中作为奖惩的食物和电击的作用。当被试者作出正确反应，实验者则说“对”，否则就说“不对”。为了采用数量分析和研究，他又把联结概念化为“S → R 联结”的公式，在 S 和 R 的右下角标以数字代表观念的分子，借以描述种种不同的特殊的心理联结及其概率。例如，情境 S_1 是 7×9=？，反应 R_{27} 是 63 时，如果小学生（甲）乘法学得好，他在 1000 次答数中有 990 次是对的，那么它的联结概率就是 0.990 或写作 99%。如果小学生（乙）刚学乘法，在 1000 次的答案中只对 25 次，它的联结概率就是 2.5%。

原来，桑代克的这些努力，是想把历史上遗留下来的关于意识和动作之间存在着二元论的问题通过联结概念加以解决。但是，1929 年美国心理学家波特认为，桑代克的努力和解释恰恰违背他自己的心愿。波特说：“解释一个动物在迷津中找寻出路的反应，同一个小孩子解答算术问题的反应的差异，是在于小孩子的反应‘含有观念的分子’。这很像说，某种身体反应引起意识状态，而所引起的意识状态又做了身体反应的原因。这正是身心交感论。桑代克当然不是真的这样主张的。”

在研究方法上，桑代克强调心理现象复杂，方法应多样化。他反对把内省作为研究心理学的唯一方法，强调实验和统计学的客观研究与数量处理。他认为专业化了的心理学家应该是实验家、分析家和比较心理学家。

■ 心理和生理的关系

桑代克从联结概念出发，把神经联结分为两大类：一类是天生的，另一类是习得的。这两类联结都由于经常重复，在生理上成为阻力最小的神经结；在心理上，和神经结相应是力量最强的心理联结。他说："如果我们有完善的关于人脑的全部历史知识，如果我们能够一秒钟、一秒钟地看到正在进行的人脑活动，那么就会在脑活动时发现伴随着人的思想生活和活动的平行变化。"（桑代克著《心理学纲要》，英文版）1931 年桑代克在《人类的学习》中又说道，和心理联结相平行的生理事件或生理状态，我们可叫作连接，或者称为联结、链节、关系或倾向等均无不可（桑代克著，赵演译《人类的学习》）。可见，桑代克把心理和生理是看作两个平行系列的。

■ **关于人类本性和联结的形成规律**

桑代克把原本趋向看作人类本性，它是不经学习由有机体构造决定的天生联结，后天习得的联结则必须经过学习。桑代克把原本趋向的联结及其表现分为三种即反射、本能和原始能力。

1. **反射**：它的联结很牢固，情境简单，反应确定不变。例如，膝跳反射。
2. **本能**：这种联结较易改变，情境较复杂，反应不很确定。
3. **原始能力**：这种联结的可变性非常大，情境非常复杂，反应很不确定，它视情况不同有不同的表现。

桑代克认为，本能随年龄增长逐个表现，但如没有适合的情境则被抑制。他反对霍尔关于凡本能都是好的见解。认为本能有好有坏，应该抑制坏的本能，让好的本能得到表现并巩固成习惯。

桑代克还认为，人类本能有一种特性，他称为"多中择一反应"（或译作"复出反应"）。例如，一个刚 8 个月大的幼儿，每天在窗前的一张椅子上待一小时，他的上方挂着玩物，由于本能趋向迫使他去推、去碰和触摸这个玩物。一次特别有力地将玩物一推，推到窗玻璃那边。这种在许多动作中偶然产生的一推，是他本能作用的结果。重要的是这一推引起儿童的注意和产生的满意表情。当他经常地继续地这样推动玩具成为游戏的习惯时，这个推的动作就成为从许多动作中选择出来的一个动作和情境（看见椅子上方挂的玩具）之间形成越来越密切的联结。他认为经过试误选择出来的这种特殊动作和情境间的联结力量，不只是由于重复，而是由于结果的满足。为此他作出结论说："选择和联想最好的描述过程，是满足最好的描述过程的动机力量。"并认为这个规律可以用来说明任何心理状态或动作，"包括思想或者情感的反应也是一样"（桑代克著《心理学纲要》，英文版）。

桑代克认为，原始能力如果得到练习，并伴随有愉快的效果，就凝固成实际的能力，就像本能形成习惯一样。例如，有音乐原始能力的儿童，经明智的训练，在音乐上就会有实际成就，成为音乐家。但如果不用，会破坏这种能力。不过他认为，这种能力不可能完全被抑制，即使家庭和学校不鼓励它，也因能力本身会寻求兴趣，以至于从些微的成就中常常使它得到奖赏的结果，成为实际能力和习惯。桑代克否认人有一般的智力，因为我们常常见到，一个有音乐才能的人，在其他艺术方面不一定也有才能，一位数学家甚至不会处理财务，一位某方面的业务专家，在另一方面可能是个"白痴"。所以他强调，人只有各种特殊的能力，而否认有一般智力。

在桑代克看来，这些为数众多天生的和习得的联结，由于表达方式不同，它们又各自分为三种即感觉印象的、观念联想的和动作表现的联结，这些联结互相结合、分类就可排列成以下六种联结：

1A．天生的或非习得的印象联结。

1B．获得的或习得的印象联结。

2A．天生的或非习得的联想联结。

2B．获得的或习得的联想联结。

3A．天生的或非习得的动作联结。

3B．获得的或习得的动作联结。

这六种联结中的任何一种都可以再细分和再组合，如感觉和概念、印象和情绪等的联结。总之，一切心理行为都能包括在这个联结体系内，所以有联结主义之称。

第三节

桑代克的8条学习规律

教育心理学是桑代克联结主义在教育领域的应用，它包括人类掌握知识、获得能力和个性形成等问题，它的核心是学习。

首先，桑代克把教育心理学的对象规定为研究人类本性及其改变或学习的规律，获得这些规律的知识是它的任务。桑代克认为，学习就是分析。这是他从联结概念和试误—偶成方法，尤其是多中择一反应的人类原本趋向特性得出的结论。应该指出1905年桑代克还注意到原本趋向的变异规律和经验在改变人类心理中的作用，但在1914年这些思想减弱了，他却强调“个别差异只是遗传上的差异”，并且责难当时流行的意见过分夸大境遇和训练的差异对同一国家、同一时代人的智力和道德上差异的影响。他说：“某些特性在表面上似乎是某些环境所造成，而其实是已经形成的本性选择了那个环境。某些环境在表面上似乎消灭一个人的某些特性，其实不过是这些环境拒绝了这个人。”（桑代克著《教育心理学概论》）由于这种遗传决定论思想占支配地位，因而教育、学习和训练在改变人性中只起到“利导天生的联结”的作用。

在研究方法上，虽然桑代克从未放弃实验室实验，但在这个时期内，心理测验和教育实验已在他的研究工作中占主要地位。由于心理测验强调数量关系和应用问卷、考查等方法得到的只是心理活动的结果，见不到心理行为的过程，它的研究成果远不如以前实验中分析研究所得的精确、真实。同时为了控制主观因素突出本性的作用，测验的内容和要求也过分单调、贫乏，增加了方法上的机械性。例如，他让受试者闭眼连续画4寸长的线段达几千条、划去文章中几百个A字母、识记配成对的名词和数字达数十对等，都是为了证明人的本性差异是不能改变的。

关于学习规律，桑代克也是以人类本性即生物性的原本趋向为基础，是动物的学习规律在人类学习中的具体应用。下面是他经过长期研究总结出来的三条规律和五条副律。

三条规律是：

1. **准备律**：在神经元上，当任何传导单位准备传导时，给予传导就引起满意；当任何传导单位不准备传导时，勉强传导就引起烦恼。

2. **练习律**：包括应用律和失用律。

   应用律：假使一个人在情境(S)和反应(R)之间形成一种可以改变的联结，在这种情况下如果其他条件相等，那么这个人的原本反应就加强这个联结的强度。

   失用律：假如一个人在情境(S)和反应(R)之间已形成一种可以改变的联结，而已有若干时间不用，在这种情况下，如果其他条件相等，那么这个人的原本反应就在联结的强度上减弱。

3. **效果律**：假使一个人在情境(S)和反应(R)间建立可变的联结，同时并发或伴随着满意的事态，在这种情况下如果其他条件相等，那么这个人的反应就增加了联结的力量。当建立联结时，并发或伴随着烦恼的事态，联结强度就削弱。

五条副律是：

1. **多中择一反应**。有机体对一个新事物会发出种种本能的或者习得的反应，最后只形成一种联结。

2. **心理定向或准备**。任何学习都以当时的心理准备为前提，其中有较稳定的定势，也有暂时的心向。

3．部分情境在引起反应中占优势。

4．对相似的情境发生同化或类化的反应。

5．**联结的迁移**。情境改变时，联结可以从一情境移结于另一情境而不受干扰，即反应不变。

桑代克提出的以上规律，引起人们的大量研究，也受到种种批评，批评得最激烈的是格式塔心理学派的考夫卡和苛勒。他们从知觉的学说和顿悟说反对桑代克的联结说和试误说，当时巴甫洛夫从高级神经活动的暂时神经联系和条件反射学说角度支持了桑代克，反驳了格式塔心理学家在论战中反映出来的唯心观点。通过批评和论战，桑代克为学习律作了以下的修改和补充。

关于练习律，过去桑代克强调重复或频因率，在论战中许多人追究它的真正原因何在。桑代克为此做了许多实验，提出了“相属原则”。认为练习效果的原因，不单靠重复，而在于两个事物之间存在着“关系”的性质是什么。他把这样的关系叫作相属原则，它是被试主观决定的。

关于效果律。在争论中，有人认为用愉快或烦恼来说明效果律，是一种主观主义的解释。桑代克为此又进行了实验。结论是奖赏则加强联结，惩罚则对减弱的联结起副作用。这是说，惩罚的作用虽有消极的效果，但能使被试从事选择其他的反应，以求满足实验的要求。所以桑代克认为，由惩罚引起烦恼对减弱联结不一定引起直接作用，只能引起间接的影响，存在着促使有机体去选择正确联结的可能性，而奖赏得到的满足对学习的影响，则是直接、普遍、一致有效的。实际上，桑代克的这些思想是一种实用主义或功利主义观点在心理学中的表现。

后来桑代克把奖赏原则用于学校教育和工厂管理，作为提高学生的学习兴趣和工人生产积极性的原则。新行为主义者斯金纳（Skinner, B. F.）还把奖赏原则和“强化”原则协调起来，使桑代克的试误说和巴甫洛夫的条件反射概念相融合，提出了可操作性的条件作用这个术语，并在这个概念的基础上设计出斯金纳箱和机器教学或程序教学。

最后还应提到的是，关于成人的学习心理研究，桑代克也做出了贡献。当时人们包括詹姆斯都认为，人的智力和学习的黄金时代在 25 岁之前，25 岁以后智力就开始停止发展乃至衰退。桑代克不以为然。他进行了许多实验证明人在 25 岁以后到 45 岁的智力并未衰退，而“一般健康状况的衰退或许是晚年（约 65 至 85 岁）学习衰退的主要原因”。他认为引起学习平均数的减低可以由四个因素的不同结合来解释。这四个因素是：一般的健康状况、学习的能力、对所学的东西的兴趣和学习机会。如果 25 岁以后的成人能得到儿童或青少年那样的学习机会，由于他们经验丰富、要求高，如果对所学的东西又感兴趣，那么“25 至 45 岁年龄的人，一般的学习能力将胜过儿童期，等于或者超过早期青年（14—18 岁）”（桑代克著《成人的学习》）。他还认为，学习应用对数、微积分等抽象的符号和系统的东西，在晚年比较容易。可见，桑代克为普及教育包括成人教育的工作是做过努力的，而且是非常自觉的。他曾说过，自己的工作目标是使每个人都能适应种种社会的情况，并获得对于“大社会”的幸福贡献最大的资源（桑代克、盖兹著，宋桂煌译《教育之基本原理》）。

本章小结

经过三代人的努力，美国心理学终于完成了两个历史阶段的过渡任务，正式进入现代西方心理学的机能主义历史阶段。现在根据时间的先后将过渡的具体情况分项列表如下：

从哲学机能心理学向生物学的机能主义心理学过渡

地域	欧洲		美国	
思想演变	构造心理学—意动或机能心理学—实用主义心理学—生物学的机能主义心理学			
代表人物	冯特、铁钦纳	布连塔诺	詹姆斯、杜威	霍尔、卡特尔、桑代克
科学性质	实验心理学（生理心理学的）	哲学心理学（逻辑学的）	哲学心理学（自然科学的）	生理心理学（生物学的）
对象	心理构造	心理机能	心理机能	心理行为
阶段	旧心理学（认识论的意识经验起源）		过渡（对反射弧的重新解释）	新心理学（进化论的意识智慧起源）

第一，从上表可以看到，历史阶段性和思想连续性的辩证统一是一个蝉蜕过程，它的思想实质在于哲学认识论的机能心理学和生物进化论的心理发生学相结合的演变过程，是通过发生心理学的实验研究和应用来实现的。这恰好和铁钦纳的预告相一致。它表明人的认识能预示心理学的发展。这就是说，心理学的发展是有规律可循，是可以认识的。

第二，实现这一过渡的关键是当时在进化论的影响下，提出的智慧起源问题代替了原来认识论的意识经验起源问题。这个问题使心理学放弃对观念元素的内省分析和复合规律的研究，转变为对反射弧概念的重新解释和心理行为的客观研究。这样，在心理学对象和方法问题上，使冯特—布连塔诺之间内容和意动的对立、铁钦纳—安吉尔构造和机能的对立，过渡到并统一在桑代克关于刺激情境和动作反应之间联结的概念上来理解。桑代克首创动物学习实验，研究人类和动物的心理连续性问题，恰好和研究智慧起源的问题一致。他从发生心理学方面为机能主义心理学的发展开辟了一条研究渠道，将美国心理学正式推进到以机能主义心理学为主流的历史阶段。但是，桑代克是二元论和本能决定论者，通过学习心理的研究，他将人和动物的心理等同起来，虽然在培养具有熟练技术和中初级文化科学的人才上有所成就，但是却导致心理学走上生物学化的错误道路。

现在看来，桑代克酷似冯特，他们都是西方心理学在急剧转变阶段的关键时刻有贡献的历史人物。当年冯特的庞大体系早已销声匿迹，而他开创的实验心理学则得到继承发展。桑代克的联结主义如今也很少人谈起，但他首创的动物心理实验和教育心理学框架却得到发扬。这或许是心理学发展的规律之一：当年作为指导的历史人物的理论观点及其体系虽为时代的进步所淘汰，而那些观点指导下所发现和积累起来的事实，则以心理学分支学科的形式被保留下来，并随着历史的进展而发展。这就是说，心理学的基本理论和分支学科是互相促进推动心理学的总体不断发展的。当年冯特的心理学体系分化出实验心理学。实验心理学的研究方法反过来和动物心理的研究相结合，形成机能主义心理学主流，机能心理学的联结主义理论分化出教育心理学。教育心理学的学习理论又推动基本理论的发展，就这样基本理论和分支学科相辅相成，推动西方心理学的不断前进。或许这也是心理学发展的一条规律。而这条规律的实现就表现出心理学发展的历史阶段性和思想连续性的辩证统一。

总之，历史的阶段性和思想的连续性是辩证统一的，它是不以人的意志为转移的质量互相转化的过程；但人们可以认识它、利用它。以下各章将会见到西方现代心理学进入机能主义阶段之后，又将是怎样发展、扩大它的主流思想及其影响的。

SECTION 4 第四章

McDougall's Hormic Psychology
麦独孤的目的心理学

以上各章主要是概述现代美国心理学的一般趋向，指出美国机能心理学在19世纪末，即桑代克于1898年发表“动物的智慧”博士论文之后，同达尔文的进化论思想结合起来，开始了自下而上的发生学研究，使心理学在形式上和内容上进一步和哲学分开，而朝着科学的方向发展，不过，是朝着心理学的生物学化道路发展的。这一章将回过头来转向欧洲，看一看达尔文进化论诞生地的英国及其心理学是怎样的情况。今以麦独孤的目的心理学或策动心理学为例。

第一节

麦独孤与衰落的英国心理学

正当后兴的美国扶摇直上，争当世界强国之时，英国社会已显得停滞、退缩。这种情况反映在意识形态上，就是英国的上层人物非常保守。当时英国的心理学也就在这种保守思想影响下缓慢地发展着。根据文献记载，直到第二次世界大战之前，在英国的所有大学里只有剑桥大学（1931）、伦敦皇家学院（1906）和伦敦大学（1928）开设心理学讲座。像牛津大学虽然早在12世纪就已建立，但在1947年以前，却从未开设过独立的心理学讲座。沃德和铁钦纳也都曾要求在大学里建立心理学实验室而遭到拒绝。

麦独孤（McDougall, 1871—1938）是沃德的学生斯托特的学生，他们师徒三代都有布连塔诺意动心理学的思想，赞同心理是主动的和整体活动的机能心理学观点，反对心理元素主义。

麦独孤是苏格兰人，受苏格兰官能心理学传统思想的影响。他起初学生物学和医学，是剑桥大学的学生。在学生时代，麦独孤是个进化论者。他竭力仿效达尔文的作为，跟随剑桥人类学探险队到托列斯海峡去了解原始民族。他还去德国哥廷根大学向G.E.米勒学习。1898—1899年，他又独自到婆罗洲进行了考察。1904年和1906年他先后在伦敦大学和牛津大学学习哲学心理学，并担任过讲师，主持一个规模不大的实验室工作。第一次世界大战期间麦独孤出任英国陆军战争精神病医官。后来，他出版了一本题名为《变态心理学纲要》（1926）的书。战后，于1920年他到美国任哈佛大学教授。

1927 年因和该校的心理学家步调不一致，离任转到杜克大学任教。1938 年去世。麦独孤是主张心理学应该研究行为的第一个倡议者。1905 年他发表《生理心理学》，第一次提出心理学“应定义为生物行动的实证科学”。1908 年他在《社会心理学绪论》(有中译本) 中又一次提出心理学应研究行为的主张。他说：“心理学家不应当再用像‘意识的科学’这样贫乏和狭隘的概念为内容，而必须勇敢地宣称……像我喜欢说的那样是行动或行为的实证科学。”(麦独孤著《社会心理学绪论》，英文版) 这本书的销量和影响都很大，从那时以后世界各国出现了许多以“社会心理学”为题的书。这本书还连续多次再版，直到 1960 年，它的英文本已出到第 23 版。这在心理学史上是罕见的。

1912 年麦独孤又出版了一本世界知名的书，书名是《心理学：行为的研究》。1923 年他把它加以扩充，改名为《心理学大纲》出版。为了防止同华生的行为主义 (1913 年问世) 混淆，他在这本书里对心理学重新定义为“人类心灵的科学”，并指出：“原则上可以选择的两条路线是：

1. **机械论的科学**：它把一切心理过程解说成机械的因果联系。
2. **心灵科学的路线**：对于这条路线来说，有目的的努力是一个基本范畴，它和机械联系根本不同是把心灵看作有目的的奋斗 (努力) 过程。”

为此，麦独孤的心理学被称为目的心理学或叫作行为的策动理论。这个理论既反对构造主义，也反对行为主义。它的基本观点原初出现在《社会心理学绪论》(1908) 中，而且终生未变。今概述于下节。

第二节

研究本能：麦独孤的基本观点

麦独孤的目的心理学把心灵看作有目的的奋斗 (策动) 过程，主张心理学应着重研究本能、情绪、情操和意志。他认为，过去的心理学过分偏重认知方面，忽视情和意。

他认为情意和本能有密切关系，是本能奋力追求的目的，激起了情意活动才和认识活动一起构成整体的主动活动的。因此，他把有机体趋向一定目的时引起的知情意整体活动过程确定为心理学的研究对象。这就显示出麦独孤心理学思想的特色。1930年他把自己的目的心理学改称为策动心理学，但思想实质未变。

一、关于本能和内驱力学说

麦独孤把本能看作“是全人类活动的原动力”，这种原动力也就是本能的内驱力。他说，虽然本能的内驱力决定了非理性（牲畜）的行为，但在人的行为中，本能也提供了内驱力。他解释说：“借助于某些本能的意动或冲动力（或者由本能派生的习惯），使每种思想运动……都是按天生目的进行的，而每一身体活动也始终这样。本能冲动决定一切活动的目的，并且靠内驱力的补充使所有心理活动持续不断。大多数高度发展的心理只是达到目的的手段，是这些冲动设法使其满足的工具。当愉快和痛苦来临时，就选择这种手段去指导它们。只要从它们强有力的冲动里失去这些本能倾向，那么有机体就会变成无能活动的。”可见，这是一种本能决定论的观点。

二、本能的知、情、意三成分论

麦独孤的本能概念和一般的理解不同。他把本能定义为：“一种遗传或天赋的心理—生理倾向，它决定它的占有者对某种客体的知觉和注意；体验知觉这种客体时引起的一种特殊情绪兴奋以及特殊方式的动作，或者至少体验到对客体动作的冲动。”

麦独孤认为，通常的本能概念只是生理学的概念，它和反射概念混淆了。实际的情况是，本能包含有知、情、意三种心理成分。他认为反射弧的第一个环节感知，是随环境和心理而改变的，第三个环节是反应动作，也视情况而变化。只有中间环节：情绪体验是基本不变的。所以同一本能现象因条件不同，它的知、情、意表现是不同的。他认为，这和纯生理的反射不一样。例如，一般都说鸟作窠、狗行猎、候鸟每年按时迁徙都是本能动作，是无意识、无目的的。麦独孤不以为然。他认为除了第一次出现的本能动作是无意识、无目的之外，那些年复一年的作窠和迁徙的活动，不能说是无目的的。他主张把本能看作心理—生理的倾向，应包含有知、情、意三种成分，只把反射看作纯生理的。

三、本能的核心及其分类

麦独孤强调，本能的核心是反射弧中间环节的情绪体验。前后两环节的感知和反应动作都因环境条件而变化，只有中间的情绪体验恒久不变，这就使每一原始本能都必定伴随着一种特殊情绪。例如，逃跑本能伴随害怕情绪，搏斗本能伴随愤怒情绪，亲子本能伴随柔情等。为此他用这种标准将本能和情绪配对进行分类（见［4–1］）。

［4-1］ 麦独孤的14种主要情绪和本能配对表

	原始本能	配对的情绪
1	逃跑本能	恐惧情绪
2	搏击本能	愤怒情绪
3	厌恶本能	厌恶情绪
4	亲子本能	柔情
5	恳求	困苦
6	交配	情欲
7	好奇本能	好奇情绪
8	屈服本能	服从情绪
9	自夸本能	得意情绪
10	好群本能	孤独、寂寞、多愁的情绪
11	猎食	食欲
12	贪婪	所有感
13	建造	创造欲
14	笑	玩乐情绪

（本表引自高觉敷主编《西方近代心理学史》，人民教育出版社1982年版，第241页）

从表中可见，麦独孤用原始本能和情绪配对的分类办法有些勉强。除了前几项比较合适外，像 3、7、8、9 等项简直是同义语反复，有的更是牵强附会，不能说是和本能相应的情绪。因此，麦独孤自己也发生疑虑而用“倾向”代替本能。

依据本能和情绪的配对关系，麦独孤对情绪进一步分类：第一类是表中的 14 种主要情绪或基本情绪。如果主要情绪中的两种本能同时引起活动，那么和它们相应的两种情绪就合成新的情绪。他把第二类情绪称为混合情绪或次要情绪。第三类他叫派生情绪，指的是不和第一类本能对应，而由其他强烈的冲动或倾向引起的情绪。可见，这类情绪是麦独孤分类时遇到困难，只好用“派生”和“倾向”这些含糊的词语。

四、情绪和情操

麦独孤着重研究本能和情绪，是他研究社会心理学的设想。他认为人类心理是社会产物，心理学对社会科学有重要意义。因为心理学研究人类行为的源泉，这个源泉就是本能的核心即配对的原始本能和情绪，或者如他所说的“冲动和情绪的事实”。这些事实恰恰是过去只注意研究智能方面的心理学所忽视的。麦独孤为了加强情和意的研究还提出情操学说。

关于情操，麦独孤说法国的李拔（见本书第十二章）和其他作者把它看作情感，使情操和情感、情绪混淆起来。只有他的伦敦同事香德（Shand, 1858—1936）正确地指出了情操的特性和重要性。香德在杂志《心》的第五卷中指出，我们的情绪，或者更严格地说，我们的情绪素质倾向于有组织，它是各种各类对象激起的情绪组织系统。这样一种有组织的情绪倾向的系统，既不是经验的事实，也不是经验模式，而是建立在我们的一切心理活动基础之上复杂的、有组织的心理结构特性。香德提出应用“情操”这个词的含义，“就是关于以某些对象为中心的一种有组织的情绪倾向体系”（麦独孤著《社会心理学绪论》，英文版）。麦独孤解释说，既然像香德那样认为情操是以某一对象观念为中心形成的有组织的情绪系统，那么，情操中围绕着中心观念的各种原始情绪，就和观念形成亲疏远近不同的联系，因而表现为种种情绪乃至无数情绪。但是，情绪倾向总是由动作表现出来，通过动作表现就可以观察到当时人是处在什么样的情绪状态。此外，既然情操是围绕一个对象观念的有组织的情绪系统，那就由“经验的深浅”来决定。所以，情操不是遗传的，是后来从心灵中产生的。不过，他认为像“母爱子”这个情操的对象观念，又是母亲在生子之前就有的观念，由于它的生长，组织了情和意的心理生活。正因为这样，我们因冲动引起的情绪就不会混乱和变化无常，而是有系统的、有秩序的。由此说来，麦独孤的母爱子情操，归根到底是由母性的本能决定的。应该指出，麦独孤的本能概念是心理—生理的倾向，主要是心理的，在这里所谓“母爱子”只是一种对象的概念。

麦独孤根据情操的形式、性质和模式，对情操分类。他认为按情绪性质分，可把爱、喜、恋归一类，恨、恶、怕归一类，加上自顾共三类。按其对象分也是三类：如对一个儿童的爱，是以具体对象说的一类；对一切儿童的爱，是对一般对象说的一类；而对抽象对象的爱，如爱公道，又是一类。这种由具体到一般、由一般到抽象的发展，是先由少数简单的、然后日益复杂的过程。因此，每一情操都有它自己的发生发展史，即渐渐地生长、渐渐增加力量和复杂程度。例如，一个普通儿童，如果他和易发怒的父亲生活在一起。起初，这儿童对父亲的发怒害怕；后来渐渐成为习惯，使关于父亲的观念同怕的情绪结合起来，形成平时怕父亲的习惯，只要想起父亲就引起害怕的情绪。麦独孤认为，这时怕的情绪和父亲的观念结合得已深入意识，并在心理—生理上发生作用，形成了怕的情操。不过他认为，这种单一的情操，如果不再受刺激是容易消失的，或者也会和别种情绪混合引起发展变化。例如，那孩子的怕的情绪，如果因父亲屡屡发怒，因而变怕为恨，甚至产生厌恶、报复等情操，时间一久，则一想起父亲，那恨的、报复的情绪就会不自觉地引起。麦独孤认为，人的道德情操也是经过这样的长期锻造和培养起来的。

第三节

人的独特性：情操与道德

麦独孤的目的心理学着眼于解决当时英国社会的道德行为问题。既然人的本能是一切行为的原动力，而一切心理活动只是本能奋力追求目的的手段，那么又如何解决阶级社会特别是资本主义社会日趋衰落暴露出来的社会道德问题呢？

在《社会心理学绪论》第七章《自我意识和自尊情操》中，麦独孤从个体发生学的角度阐述了他的观点。

一、道德行为的性质

麦独孤认为，道德行为在本质上是社会行为，它的发展是一种社会过程。他解释说："按照常识使用'道德'这个术语，是限制在社会行为的较高形式。那就是人类才有的能力。"（麦独孤著《社会心理学绪论》，英文版）道德行为和本能行为相比，在于前者包含着对本能冲动的有意控制和调节。是以自我观念为中心的情绪和冲动的组织系统，它的发生发展是一种社会过程。在这里意志或有意控制产生自我观念和情操，或者产生以自我观念为中心的情绪和冲动的组织系统的基础上发展起来的。所以他说：作为高级形式的道德行为是在"自我观念和自尊情操两者彼此亲密的关系中发展起来的，这种发展的本质是一种社会过程"（麦独孤著《社会心理学绪论》，英文版）。

二、人类道德行为形成的基本原理

麦独孤断言原初的冲动是提供一切活动的原动力；而达到欲望目的的一连串活动及其对象观念是实现道德行为的手段。这是人类个体从本能行为发展到社会道德行为的两条原理。他认为第一条原理人和动物都适用，第二条原理只适用于人。

关于第一条原理，麦独孤说："几乎所有动物都有能力在某种程度内学会按照愉快或痛苦制导的经验改变它们的本能行为。就算幼儿也能学会这种行为，使它迈出纯粹本能行为的第一步。例如，人类幼儿或动物幼崽直接获得它的目的时，满足的愉快使那种和对象或情景直接相关的特殊动作倾向确定下来。但是如果第一步的运动没有成功，那么失败的痛苦将使这些运动停止。"不过，他认为，在这种情况下，"冲动仍然继续，并且一再改变某些运动形式，直到获得成功"。这样，虽然原始的本能冲动所引起的活动由于得到心理经验（这里是愉快或痛苦）改变了运动方式，但原始的本能冲动始终是活动运动的动力。直到最后，满足的愉快巩固了运动，致使以后无论何时只要是同样的冲动再次兴奋，人类和动物的后代就都借助这种动作而不是别的任何动作朝向其目的行动。

关于第二条原理，麦独孤认为是具有表象和自由观念能力的人类个体形成社会的高级行为模式的原理。他说："在婴儿期，由于表象力的发展，有自由观念的能力时，那个在他心中多少清晰地代表欲望的对象就成为他的本能冲动趋向的目的。"在儿童智力的进一步发展、通过活动的训练之后，人类个体就能够将活动和对活动本身无兴趣的对象观念作为达到目的的手段来使用，成为一种中间活动。麦独孤说："在所有这样的中介活动中，最初的冲动为整个顺序的动力仍坚持着。截至这个儿童所做的动作不能使他趋近他的目的，那时这种动作和对象就被他放弃；他就转向别的对象，直到发现能得到成功的手段而达到目的为止。以后，同样的情景再生，这最后的动作和对象就是发挥作用的动作和对象。"

原始的本能冲动永远是人和动物的行为共有的原动力，不同的只是人以对象的观念作为达到目的的手段进行的中介活动。这就是麦独孤区别人和动物行为结构的两条原理的本质。因此，麦独孤认为，人类行为高级形式的发展途径，是动物达不到也是不可能有的。因为，动物没有表象力和自由观念的能力，无法提供它在追求目的中组成有组织的情绪系统，也就没有自我观念和自尊情操，及其彼此关系密切地发展的可能性，而人类则有。所以虽然都以本能为行为的原动力，但由于构成行为发展中的复杂程度不同，动物和人类的行为形式的水平也就不同。而人类的最高社会行为也就是按复杂化程度不同从低级到高级逐步发展起来的，因而也呈现出发展的阶段性。

三、道德行为发展的阶段论

在《社会心理学绪论》第七章，麦独孤把人类个体行为的全部形成发展分为四个阶段，而最高理想的道德行为是它的最后阶段。他说："我们可以粗略地区分四种有连续阶段的行为水平：

1. 只由痛苦和愉快的影响所改变的本能行为阶段；
2. 由奖赏和惩罚的影响来改变本能冲动的操作，在这阶段是多少由于社会环境的制裁决定的；
3. 主要受社会赞扬和谴责的期待控制着的行为阶段；
4. 最高阶段，这时的行为受行为的理想调节，使人似乎不管他的社会环境的直接赞扬或谴责而动作。"

下面我们将会看到，麦独孤是如何具体描述和分析道德行为的形成过程及其发展阶段的。

关于第一阶段：由愉快或痛苦的影响改变本能行为的阶段。他举了两个事例：

假设一位饥饿的小孩有机会找到食橱里好吃的东西。下一次偶然他来到食橱前饿了时，他立刻就会求助于食橱。所以借助于经验的得益是任何高级动物可能有的。

再一个假设，当这个小孩在房子的另一部分觉得饿时，食橱和食物的观念，就在他的意识里引起，并跑去找寻和重复他以前成功的搜查。再者，假设有一类似的机会，他发现食橱的门闩着，而他又接触不到门闩。他去拿来一张踏凳，却仍不能触到门闩。或许那时这个障碍物（门闩），使他的意动激起他的愤怒并使他猛力敲门。这种敲打直到他由于绝望放弃了他对障碍物的愤怒，转而松懈他的努力而使他哭泣。但是，他如果是一个聪明的孩子，他可能丢掉踏凳拖来一张椅子。然后伸手到门闩，把欲望的食物弄到手。

接着麦独孤解释说：所有这一连串变化着的活动都是为一种原初的饥饿一冲动维持着。为了达到目的所必要的手段就同渴望寻找的食物是一样重要的，因为它使对象能够直接满足冲动。而且，在类似情景发生时，这孩子会立刻去找必要的椅子却不顾踏凳。因为成功的愉快确定了这种倾向，而失败的痛苦消除了去寻找不中用的踏凳的倾向。

关于第二阶段：由奖赏和惩罚的影响来改变本能冲动的操作阶段，或叫非道德阶段。这时，假设更进一步的复杂化。假设这孩子刚刚抓起他欲望的食物，某个严厉的长辈发现他，并且几次把他关在黑暗的房间里惩罚他，因而他遭到极端痛苦的害怕。当这种情景下次再发生时，正像以前一样饥饿冲动又驱使着他，或者，他会在取到食物前听到那个惩罚他的长者的声音。这就使他的心理引起那个人的观念，而这个观念再次激起由于受过惩罚诱发出的害怕，或者更有可能，这声音直接激起害怕的冲动。就在此时此地在缩回的冲动和饥饿的冲动之间发生了冲突。不久，害怕消失，欲望对象的观念再生，到那时得到它的目的的原初冲动也就复活起来。

麦独孤解释说，这种缺乏理性的冲动是心理生活在知觉水平上的意动的特征。这种行为可能只包含最低限度的自我意识。他没有责任感、义务感或者恩惠感，没有自我的观念。在对待自己或别人时，只有发展得不完全的情操却没有性格，也不能有真正的意志。他认为，产生这种行为的原因是可以理解的，因为在这种情况下的孩子，本能冲动是一切活动的原动力。在这些活动过程中，他体验到的愉快和痛苦只是为了改变由那些冲动激起的活动。而这种行为活动是非道德的。

关于第三阶段：主要为对社会赞扬和谴责的期待来调节行为的阶段。

他认为，除了上述两个阶段的行为之外，人类所有的其他行为都是意志行为或者至少经过深思熟虑，由意志控制予以抑制或者鼓励而形成的行为习惯。这样的人，不是每次一冲动就立刻动作，也不是为实现每一欲望的目的就兴奋起来。他的行为似乎并不是欲望冲动的结果，而是较强的欲望占优势，因此，他的动作似乎往往不按抵抗力量最小的路线，而是按最大抵抗的路线进行。他做出动作的可能动机，正如直接经验的事实一样，不是他抵制的强烈情感、情绪和欲望，而是那些不太强烈的情感、情绪和意动。

最后即最高阶段：行为受理想调节，不受社会环境的直接赞扬或谴责而动作。他认为，这种行为，不是由特殊的道德官能、良心或道德本能衍生的。它是以社会道德为基础的自我观念的社会发生学，从最低级行为到最高级行为逐渐发展起来的。在这条发生发展的道路上自我意识、情操和性格的发展发挥着作用，它是由高度有组织的社会复杂生活产生的。自我的观念和自尊情操，本质上是社会的产物，它们的发展是由人格之间，自我和社会之间始终一贯地相互作用的结果，它使人们的自我观念经常包含有别人和一般社会的成分。因此，这种自我的观念，不只是一个自我概念，而总是自我和别的自我关系的概念。因而这时的行为受行为者的理想调节，它使人似乎不管社会环境的直接赞扬或谴责而行动。这就是社会道德行为的最高阶段。

本章小结

麦独孤的目的心理学，乍看起来十分特殊，它的思想体系也有些独特，然而细加分析，它仍属于当时的社会历史和西方心理学发展规律的产物。这可以从以下几方面看出来。

第一，从他研究心理学的目的和社会效果上看。

麦独孤目的心理学的主要目标是探索人的行为道德的发生发展规律及其培养途径。他和桑代克以探索人类智慧的发生发展规律和学习理论为目标的联结主义心理学相比，虽然在研究课题和思想观点上迥然不同，但是他们研究心理学的最终目的和社会效果是一致的，即为本国的统治阶级利益服务。只是当时英国和美国的社会具体情况不同，思想传统有别，各人采取的手段和表现形式有所不同。一个是已在衰退的老牌的资本主义国家，迫切需要的是安定社会秩序。而在第一次世界大战以前的美国，则更需要加强实力。这就是同样的机能心理学，为什么桑代克研究学习理论和智慧起源，麦独孤却研究行为道德和情操的根本原因所在。另外，他们又都用当时流行的英国功利主义的苦乐观，用奖赏和惩罚作为改变行为的手段。由此可见，在心理学尚未成熟之前，它的研究任务总是或直接，或间接地受当时当地的社会历史条件和社会思潮所制约的，这是一条规律。麦独孤和铁钦纳都成为美国心理学界不受欢迎的人，就因为他们死守英国的传统难以适应当时美国社会的条件所致。

第二，从思想体系看。

一般认为麦独孤是个目的论的机能心理学者，这表现在他把本能作为人的一切活动的原动力上。在他的心理学思想体系里，本能成为人的心理行为的决定者。但是从另一方面看，他却强调社会环境的压力对人的道德行为发生发展的作用。其实，两者并不矛盾，因为麦独孤思想体系的实质是强调自我、自我观念和意志的扩张，是他把情绪体验（愉快或痛苦）看作反射弧三个环节中不变的决定性因素，也就是人的道德行为的决定因素。这恰好同他强调研究情意的思想实质即本能决定论，也就是和机能主义的目的论是一致的。以上各章说过，本能决定论和目的论也是当时美国早期机能心理学的基本观点（包括詹姆斯、杜威和安吉尔的观点）。可见，麦独孤的目的心理学并不独特，他的思想体系也属于当时西方心理学中的一种普遍的社会思潮范围内的。这个思潮的出现和广泛传播恰好又符合西方心理学发展的阶段性规律。

第三，从心理学史的阶段性看。

自 1859 年达尔文进化论问世以后，生物进化论的思想逐渐成为心理学的自然科学方面的理论依据，心理学渐渐地被列入生物学部门，从而改变了冯特时代心理学的研究方向。自 19 世纪末和 20 世纪初以来，西方的心理学家已不再像过去那样从哲学的认识论出发，偏重于知的方面考虑问题来确定心理学的研究任务了。他们受进化论思想的影响，已从生物学观点的发生心理学出发，考虑行为动作和情绪本能在有机体的心理成长中的作用。这一研究方向改变的最明显的标志，就是现代心理学比过去重视对本能、情绪和习惯的研究以及对反射弧概念的重新解释。他们试图通过对反射弧做出新解释，作为自己心理学的理论依据。美国的杜威、桑代克和卡尔都是如此。而这种解释恰恰又是和心理学脱离哲学的认识论，而需要和生理学划清界限的历史任务和规律决定的。这是我们在《欧洲心理学史》的结束语里已知道的。在这一章正文里，我们也见到麦独孤把情绪体验作为本能或反射弧的核心，对本能做出新解释，试图把本能从生理学中分离出来作为心理学的概念，从而作为他研究道德行为和情操学说的理论依据。凡此种种表明麦独孤心理学体系的实质，是追随当时西方心理学的生物学化道路，并未越轨。或许正因如此，后来新行为主义者托尔曼（Tolman）才吸取了他的部分思想观点。这就是托尔曼的目的行为主义和目的认知理论（以后要讲）。所以说，麦独孤的心理学只是外观上特殊，实质上却表明当时英国的心理学思想；也正沿着西方心理学发展史的阶段性规律在发展着，而它的独特性的最后决定因素是生物进化论和当时英国社会历史条件下具体的结合。

SECTION 5 第五章

Watson and his behavior psychology
华生及其行为主义

正当美国机能心理学摆脱哲学思辨，通过实验按进化论的科学思想发展时，华生出来“放了一把火”，提出放弃意识的一种新心理学体系——行为主义，结果是引起了更大的混乱。波林说，1913年华生提出行为主义之后，美国的心理学家几乎“每个人（除了少数与铁钦纳合作者外）都是行为主义者”，但是“没有一个行为主义者是和任何他人的意见一致的”。这是什么原因？从这章开始讲的三大学派，将要逐步回答这个问题。第一节还是从历史背景讲起。

第一节

摩登时代：20 世纪初的美国

华生行为主义有两大特点：一是拒绝研究意识；二是要预测和控制人的行为。这两大特点表明，华生的思想比詹姆斯、杜威、安吉尔和桑代克更明确地反映了当时美国大工业生产和厂主的要求。

华生说："近些年来常有个趋势，回过来做人的研究。"工业上技术和机械方面已做到最高效率，若再要增加产品，必须更透彻地了解工人。心理学家要帮助和鼓励工业去解决这个问题，在工人总体的活动效果上去加以研究。可见，最大限度地提高工人的工作量及其效率是华生行为主义的目的之一，也是大工业机械生产的要求。

新实在论者霍尔特（Holt）说："知识和知识的对象，思想和所思想的客体并不是两种东西。"（霍特尔著《意识的概念》，英文版）华生用行为代替意识、用强调客观性拒绝研究意识和脑机能的办法，来达到预测和控制人的行为的目的，是和新实在论混淆主观和客观达到否认客观存在、否认心理实质的观点是一致的。同时也是实用主义鼓吹有用便是真理，真理即工具的观点在心理学新形势下的表现。华生的行为主义就是在这样的社会条件和思想背景下产生和传播的。

华生（Watson, 1879—1958）年轻时曾学过医学和哲学，在芝加哥大学安吉尔的影响下对心理学发生兴趣。1903 年华生获得哲学博士学位后，留在芝加哥当讲师，直到 1908 年。这一年他和安吉尔一起离开芝加哥大学来到霍普金斯大学担任教授，直到 1920 年。1913 年他发表《从行为主义者看心理学》。这篇论文被称为是华生在西方心理学史上掀起一场革命，用以讨伐意识心理学的论文，是行为主义诞生的标志。1914 年华生出版专著《行为，比较心理学引论》。1915 年美国心理学会接受了他的观点并推选他为美国心理学会主席。1919 年他出版第二本专著《从行为主义者的观点看心理学》（臧玉淦译成《行为主义的心理学》），对他的观点做了较全面的论述。在这本书里他把研究动物的技术应用于研究婴儿，包括条件反射的实验。1920 年他离开霍普金斯，1921 年转而从事广告工作。1925 年出版了《行为主义》（有陈德荣译本），在这本书里他放弃了本能决定论，提出如何改善社会的提纲。1930 年华生完全退出心理学界去从事商业，直到 1958 年去世。

第二节

不研究心理的心理学

华生在《从行为主义者看心理学》的论文中指出，心理学应当作为研究行为的科学。他要求人类心理学家改变他们的观点，“严格用比较的方法来研究人类心理”。他指出，意识像鬼火一样不可捉摸。它已缠住我们将近 50 年，现在“心理学必须放弃对意识的一切参照的时候已经到了”。要不然，就是再过 200 年，心理学即使在感觉的问题上也仍旧会这样混乱。

一、心理学的对象和任务

华生说，近 15 年来有种机能心理学，强调意识过程的生物学意义。其实，这种做法不是澄清而是更加混乱。不久前，匹尔斯柏立的书把心理学定义为“行为的科学”。更新近的教科书说心理学是“心理行为的科学”。可是，几年之后行为的科学被放下了，见到的是沿用某些改变着重点的感觉、知觉、意象等惯常的术语，以及加上作者个人印记的一些事实。

华生说：“行为主义才是唯一一贯坚持和合乎逻辑的机能主义。在这里，我们回避了平行论和交互作用这两个妖魔。”“我相信，我能像匹尔斯柏立定义的那样写一本心理学的书，而永不使用意识、心理状态、心灵、内容、用内省来证实的意象等。”“可以不致陷入贝尔、伯特（Bethe）、乌斯克尔（Uexkisll）和所谓一般的客观学派的荒谬术语中去。”（W.Dewnnis 著 *Readings in the History of Psychology*）（1899 年德国人勒布提出向性说，同年贝尔等支持向性说，用机械论观点的术语代替传统心理学的名词概念，如用“受纳”代替感觉，“反射”代替固定的运动，重鸣代替记忆等。——引者注）它可以用刺激和反应、习惯的形成、习惯的结合这样一些用语。

总之，华生为了把心理学对象定为客观的和可观察的行为，放弃研究主观的心理状态或意识状态。他要求把人和动物的行为都放在客观的行为环境中去考察，提出以 S—R 为单位组成的行为规律，以便从中了解产生刺激的环境条件，达到预测和控制行为的目的作为行为主义的研究任务。

二、关于研究方法

1915 年以前，华生应用的主要是桑代克等动物心理学家的实验方法。1915 年，他发现了巴甫洛夫的条件反射学说，便为我所用地把条件反射作为他的主要方法。应该指出，巴甫洛夫的条件反射学说强调中枢神经系统，尤其是大脑机能的活动规律。华生则取其外表，抛弃了它的核心思想。此外，华生认为，心理物理学中的口头报告不能看作内省法。例如用电击和铃声形成手脚或腿的运动条件反射，测量感受性和差别阈限可以不需要被试的口头报告，但是关于冷或温的感受性测量仍靠被试的口头报告，因为这些属于内隐反应是应当允许的，也是客观的。再如精神病人的口头报告也是一样客观的。1911

年西方兴起了心理测验，华生认为测验主要是通过言语报告测量的，因而也许可作为心理学的研究方法。可见，华生并没有坚持他原来意义上的客观研究法，这使他的理论概念发生了困难，不得不做出让步。

由于华生在心理学对象和方法上，不能把他原来的基本观点贯彻如一，这使他提出的一些原则原理是互相矛盾的。华生有一句名言："给我一打健康的构造完善的婴儿。允许我自己规定环境以教养他们，我担保能够任意取出一个培养成任何专家、医生、律师、画家、商人甚至于乞丐、盗贼，不问他的才能、嗜好、趋向、能力如何，不问他的祖先的职业、种族如何。"这是明明白白的社会环境决定论，或者说教育万能论的思想。可是他又自称行为主义心理学是自然科学，决定行为最根本的是身体内物理化学现象的变化。这种把高级的运动形式归结为最低级运动形式的还原论，显然同他的环境决定论矛盾。相反，华生把心理归结为行为，行为又只是 S—R 的肌肉活动和腺体分泌。这是他试图排除身心二元论和交感论的基本立场。但如上所述，他引进口头报告和内隐动作，这就默认了内省和意识，因而从一元论退到身心二元论，又和他的一元论原则是矛盾的。

由于思想原则上的矛盾，使他的追随者无所适从，以致"没有一个行为主义者是和任何他人的意见一致的"。另外，华生自己为了克服这些矛盾，经常修正他的理论观点。这可以从他以下几方面理论阐述中看出来。

三、关于本能和习惯

华生原初也是桑代克的观点，把人类的行为反应分为天生遗传和后天获得两大类，然后每类按其表现形式不同，又分为明显的和内隐的。它们互相组合成为四种行为反应形式即：

1. **明显的习惯反应**。如开门锁、打网球、说话等。

2. **内隐的习惯反应**。如思想是无声的说话、内隐的言语习惯反应、各种腺体和不随意肌的条件反射，如唾液的条件反射。

3. **明显的遗传反应**。本能、情绪、眨眼、恐惧等。

4. **内隐的遗传反应**。腺体和循环系统的变化等。

可是到了 1925 年，华生的观点大转变，开始否认本能。他说："人是一种动物，生而有确定的构造。有了那种构造生下来便不得不按确定的方式去反应刺激（例如呼吸、心跳、打喷嚏，等等）。""我们现在习惯称为'本能'的，大半都是教养的结果——属于人之习得行为。"他说，行为论者不说他直接继承他父亲的能力或才能为一个很好的剑士。他应该这样说："某种构造加上幼时的教养，足能说明成人的动作。"

四、关于情绪和动机

在 1919 年华生认为，情绪和本能都是遗传模式，不易划分，只是情绪活动于体内，本能表现于外以适应环境，本能动作专一；压缩成某种特殊形式如哺乳，而情绪活动是内隐的，混合不清的。大体上本能动作总伴有情绪，但情绪可以离开外显的本能动作而发生。他认为，这种原始模式的情绪由于被后天的习惯掩盖是不常见的，只有在战争、地震等激烈的情景下才反应出来。他还认为原始情绪模式表现为怕、怒和爱三种基本情绪反应，它们是一切将来情绪反应所从出的核心。他把这三种基本情绪的刺激和反应分类如下：

	S	R
怕	失态、大声	呼吸停顿，惊跳、号哭，往往大小便失禁
怒	身体运动受约束	全身挺直，喊叫、呼吸一时停顿，面孔由红转青以及其他
爱	抚摸皮肤和生殖器，轻轻摇动，骑在脚上等	号哭停止，唧唧咕咕以及其他尚未确定的部分反应

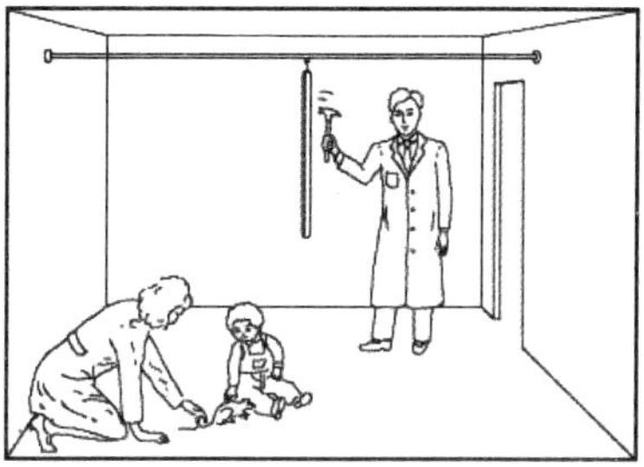

[5-1] 恐惧实验

他还特别声明，他说的爱，类似于弗洛伊德的性爱。应该指出，华生的情绪学说类似于詹姆斯—朗格的学说。因为他们都把情绪归结为内脏和腺体的变化。所不同的只是华生否定知觉和意志过程，而将不同的情绪确定为特定内脏变化的行为表现。

1920 年华生应用了条件反射对一个 8 个月名叫阿尔伯特的幼儿做的情绪实验，证明儿童害怕有毛的动物是学会的。

实验开始时，他使阿尔伯特习惯于白鼠及一些带毛的东西，而且显得很高兴，毫无惧色。然后开始用重击铁轨发出的高声作条件反射实验。几次之后，即使没有高声，孩子也开始表现出对白鼠惧怕。他不仅怕白鼠，还怕其他带毛的东西和动物如兔、猫、狗、刷子等。后来，由于阿尔伯特生病和其他原因实验没有继续进行下去。但到 1924 年华生又有机会进行了和上面一样的实验。实验证明，惧怕的情绪也可用条件反射方法消除。这样，华生又修正补充了原初关于情绪的看法。

五、关于动作习惯和语言思想

华生认为，言语动作同打网球、游泳一样，只不过是喉头内部一组肌肉的协调动作。他说，婴孩早期学习言语的过程和养成其他动作习惯的过程一样，发音的动作和习惯直到和臂，手及腿的活动联络起来并代替它们，才能形成言语习惯。他认为言语习惯只不过是动作习惯的短缩和代替，它是以条件反射形式完成的，言语的习惯代替了身体的习惯。首先是成人模仿儿童初次出现语言的发音动作，然后父母用这个动作让儿童模仿出正确的发音，经过这样反复地模仿纠正、再模仿、再纠正的练习过程，儿童才逐渐学会发音和说话的。

R. 劳莱在他的《心理学理论的演化》中提到："自 1913 年发表华生观点以来，经过了许多年，在此期间行为主义的理论也确实起了很大的变化。但仍然有一项指导原则、信条或者你愿意叫它什么便叫它什么的，是始终贯彻在行为主义运动中的。这就是人们可对'行为'达到恰当的了解，而无须涉及意识。"确实华生的行为主义虽然没有达到他自己所预期的目标，但是同冯特时期的心理学相比，华生的行为主义更少哲学气息，而有较多的科学形式。在方法上坚持了实验观察，防止带主观性的字眼纳入心理学体系。这些工作虽然不很成功，但在科学用语的选择和应用上开了良好的先例，尤其是继桑代克之后从发生学方面着手研究心理学，继承发展了美国机能主义。也就是说，在某些方面华生的行为主义确实比构造主义有很大进步，但是这种进步方向却是背向研究意识也就是朝着不研究心理的心理学方向前进的。因此这个方向不能说是正确的。

第三节

其他早期的行为主义者

华生提出行为主义之后，到了 20 年代在许多行为，主义拥护者中有三种倾向：第一种人认为，意识与行为是两回事，和行为主义无关；第二种人认为，意识不能用科学形式处理；第三种人则说除行为之外，没有什么所谓意识的东西存在。

拉什利（Lashley）认为，一般的行为主义属于第二种人的观点。这一节我们列举三位代表人物为例。

一、霍尔特

霍尔特（Holt, 1873—1946），在本章第一节说到他是一位新实在论者。1901 年他在哈佛大学接受哲学博士学位，深受詹姆斯的影响，后来又在哈佛大学任教，1908 年写了《意识的概念》(1914 年出版)，1915 年写成《弗洛伊德学派的欲望及其在伦理学中的地位》，1931 年发表《动物的内驱力和学习过程》。霍尔特承认意识，但认为要通过研究行为，研究“特殊的反应关系”才能理解意识。不过他和华生不同，反对把行为归结为刺激—反应。他认为反应是一种整体性动作。例如，一个人在爬窗户。你知道他在干什么？他到杂货店去，还只是在往前走？你知道他去杂货店，这是由于一个人的动作是整体反应，是有目的的。为此他同意弗洛伊德的内驱力观点。同时他像华生一样认为人类行为是学会的。霍尔特把人类行为模式看作两个方面的统一体，主要方面是学会的有目的的行为。这方面的行为动机又来自外部刺激或内部驱力如饥渴。霍尔特把内驱力作为学习的动机之一，对以后的赫尔和托尔曼都有影响。然而这对华生的行为主义来说却是非正统的，而是霍尔特吸收弗洛伊德精神分析中思想的结果。行为模式的第二方面即儿童期行为在成年人中保持下来的结果。但由于霍尔特是个新实在论者，像詹姆斯一样，不是一个真正的心理学家，他为行为主义心理学只指出了一个框架。

二、威斯

威斯（Weiss, 1879—1931），原籍德国，童年时期已移居美国。1916 年在密苏里大学取得哲学博士学位。1912 年起就在俄亥俄州立大学任教，从事儿童发展的研究。著有《人类行为的理论基础》(1925)。

这是一本论文集，反映了他的行为主义纲领，主张心理学是自然科学，绝对拒绝内省法。1929 年他又把这本书加以扩充出第二版。威斯是一个比华生更为极端的行为主义者，是个还原论者。他把人及其意识、人格看作整个宇宙连续体中的一部分，包括原子、分子原形质、动物、人和社会组织都可最后还原成为电子和质子，他认为只有这样才是一元论。因而他把心理学看作物理学的一个分支，反对以非物理的实体——意识作为研究对象。

威斯把人看作生物社会的，只在婴儿早期才是唯一的生物实体，以后的成长都是在和其他人的相互作用中由社会力量形成和发展起来的。然而，由于他把宇宙的一切都归结为物理的，因此个体的种种活动只不过是宇宙连续体中的一个轨迹；人类活动在这个轨迹上，是先前变化的结果又是后续变化的原因。如果把人类行为看作连续集合体中的一段，那么前因就是刺激，后果就是反应，从原子到社会组织都是如此。他认为，这是生物进化论做出部分证明了的。他虽然强调人的社会属性，但从总体说仍然是物理化学的运动。例如，发自宇宙连续体中的太阳能，以光波作用于视网膜和神经过程，这种能再转化为冲动，由神经纤维传导到大脑继而又到言语机构中的肌肉，肌肉收缩产生空气波说出“太阳是热的”。这些声音传入别人耳朵，他就或者躲到阴凉处以防中暑；或者引起过去十年来神经系统积蓄下来的反应模式的活动，结果这个人写了一篇关于热学的论文等。所以他说，这种能的变化，“不以人为始，也不因人为终”。人只不过是宇宙进化中的一个插曲而已。

三、拉什利

拉什利（Lashley, 1890—1958）是华生在霍普金斯大学任教时的学生，1915 年在该大学取得哲学博士学位，1917—1926 年在明尼苏达大学，1926—1929 年在行为基金研究会，1929—1935 年在芝加哥大学，后来到哈佛（1935）和叶克斯灵长类生物学实验室（1942）工作和任教，著有《脑机制和智慧》（1929）和一篇题为“意识之行为的解释”的论文。拉什利主要是一位神经心理学家，长期任神经心理学教授（自1937年至去世），他最著名的关于白鼠学习和辨别机能的实验，为行为主义心理学的生理基础知识提供了依据。

华生虽然也说到行为和神经过程的关系，但是他认为这项工作应该留给有专门训练的生理学家去做。华生从条件反射和联结主义的思想出发，假设反射的联结是一对一的，即传入大脑的感觉神经冲动只转换到传出运动冲动。拉什利对以上两点都表示了不同的看法，并为进行实验研究提出了积极的意见。

按原来的设想，假如白鼠学会走桑代克的迷箱之后，摘除决定动物行为的有效皮层部分，那么，它是仍保留原来的行为，还是用不曾起作用的皮层部分来完成行为呢？实验的结果是出乎所料的。他们发现摘除后的大脑其余部分能够补偿，即好像大脑已损伤的部分机能可以从未损伤的其余部分机能来学习，这个发现和原来华生的假设以及大脑机能定位的假设是矛盾的。拉什利根据他的发现，制定了两个著名的原理，即大块活动和等功性。大块活动是指学习的效果是剩下未受损伤的整块皮层的机能，也就是可用的皮层越多，学习得就越好。等功性原理是指一部分皮层的机能，原则上和另一部分是相等的。不过有些例外，例如形状和模型的视知觉需要某一部分完整的皮层。这样，拉什利的研究和结论虽然对华生的反射联结一对一的假设提出了挑战，但是对华生行为主义鼓吹的客观方法却是一个再好不过的例证。所以总的说来，拉什利并未动摇行为主义。

本章小结

作为由机能主义发展来的行为主义虽然突出了美国心理学的特色，但是它的曲折发展过程说明了华生行为主义的片面性、机械性和过于激烈。因而人们又产生了意识究竟在心理学中处于什么地位的问题。这就出现了30年代的新行为主义。但是为了使读者能看到各国心理学是怎样互相渗透汇成机能主义主流的，下一章我们先越过大西洋回到机能心理学发源地欧洲，等待了解格式塔心理学和精神分析之后再回转头来看新行为主义究竟是怎样产生、发展时，就比较清楚了。

SECTION6 第六章

Gestalt psychology
格式塔心理学

正当美国的机能主义内部酝酿行为主义的时候，德国也在孕育一种新的心理学派——格式塔心理学。1912 年 6 月这个学派的创始人韦特海默（Wertheimer）发表了关于视觉运动的论文，标志着格式塔心理学正式问世。可以说，格式塔心理学和行为主义有些血缘关系。他们都有 19 世纪末欧洲机能心理学的思想血统，也都以反对冯特—铁钦纳的构造主义起家。只是行为主义反对构造主义研究意识，要求抛弃一切和意识有关的名词术语，用刺激和反应等客观用语取代之。格式塔心理学则坚持研究意识，反对构造主义把意识经验分析为心理元素。它主张从心理行为整体的动力结构观点来研究心理现象，所以格式塔心理学也被称为结构主义的，或叫现象学派。行为主义和格式塔心理学不仅在反对的目的上不同，而且它们的思想实质也是对立的。这一章分三节逐次简述格式塔心理学的历史背景，它的基本观点和发生发展。

第一节

历史背景和创设者

后兴的德国于 1871 年全国统一后，经过二三十年迎头赶上并超过老牌的英法资本主义各国，一跃而成欧洲的强权政治帝国，乃至发展成为两次世界大战的策源地。

上述的历史地理和政治经济条件，反映在德国的意识形态上要求统一意志，强调主观能动，而这些要求又是和德国的传统思想一致的。它的思想渊源可以追溯到莱布尼茨的单子论、康德的先验论以及赫尔巴特和冯特的统觉学说。

格式塔心理学研究心理现象及其形成的动力结构，直接来源于现象学。现象学的基本思想又和马赫、阿万那留斯的经验批判论彼此相通。1890 年厄伦弗斯发表“形质”学说，发展了马赫的感觉形式说。同时，格式塔心理学强调心理现象的形式结构，和布连塔诺、屈尔佩的机能心理学思想又直接相通，所以它是德奥的传统思想的发展（参看本书第十二章）。格式塔心理学的创始人韦特海默是厄伦弗斯和屈尔佩的学生，而后两位又是布连塔诺的学生。

格式塔心理学还吸收了 19 世纪后期物理学中的最新思想：场论。场论认为电磁场中的分子移动不能用牛顿的原子论力学来解释，它是一种整体性活动。与此同时，生物学中也发现低等机体并不决定于局部和个别细胞组织等。以研究知觉的似动现象为开端的格式塔心理学，强调心理现象整体性和动力关系，把心理活动和电磁场的作用相比拟的观点就是综合以上各方面的思想发展起来的，而这种发展之所以可能，和这个学派创始人的生活经历有关。

一般认为，格式塔心理学的创始人是韦特海默、考夫卡和苛勒。**韦特海默**（1880—1943）是格式塔心理学最初倡导者。他出生于当时德国的布拉格（今在捷克），18 岁时进入布拉格大学学习法律，后转学哲学，曾听过厄伦弗斯开设的课程。1901 年转入柏林大学，是斯图姆夫的学生，学了哲学和心理学。后来又进入符兹堡大学，1904 年在屈尔佩指导下取得博士学位。这时关于无意象思维问题的争论正激烈。以后，韦特海默相继在布拉格、维也纳、法兰克福和柏林大学任教。1912 年发表了视觉运动的论文，奠定了格式塔心理学的基础。1920 年他写了《创造性的思维》（1945 年发表），这本遗著分析研究了儿童、成人和一些名人直至爱因斯坦的思维。1923 年发表关于知觉群的论文。在第一次世界大战期间，韦特海默曾参加潜水和海岸军事防御检查工作的设计研究。1933 年他以受德国希特勒政权迫害的第一批难民身份到达美国。1934 年他参加了纽约城社会研究新学派协会。在美国期间，因忙于社会活动和语言文字上的障碍，他发表文章不多，1943 年死于美国。

考夫卡（Koffka, 1886—1941）是三人中著作最多的。早年，考夫卡在出生地柏林受教育，对哲学和科学都有兴趣。1903—1904 年间他在柏林大学斯图姆夫指导下获得学位。1910 年曾和韦特海默、苛勒一起在法兰克福工作，开始了三人长期的协作研究。1911 年考夫卡到格色大学工作，直到 1924 年。在第一次世界大战期间，考夫卡在格色的私立精神病医院从事脑损伤和失语症病人的研究。1921 年他出版了《心之生长》（高觉敷中译本为《儿童心理学新论》），这是一本研究儿童心理学的重要著作，其中还介绍了苛勒的猩猩实验，用来批评桑代克的试误学说。1924 年他先后在美国康奈尔大学和威斯康星学院任访问教授。1927 年被任命为史密斯执学院教授。1935 年出版《格式塔心理学原理》（有傅统先中译本）。1941 年考夫卡死于美国史密斯执学院。

苛勒（Köhler, 1887—1967）是三人中最年轻的，后来成为这个学派最有权威的发言人。苛勒出生于波罗的海省。五岁时，他家迁居于德国北部。1909 年在斯图姆夫指导下取得学位。1913 年苛勒接受普鲁士科学院的邀请，到现在喀麦隆的特纳利夫岛（当时的西班牙属地）研究黑猩猩近七年的时间，1917 年出版《猿猴的智慧》。这本书于 1924 年出第二版，曾先后被译成英文（1925）和法文（1928）。1920 年苛勒回到德国，1921 年任哥廷根大学教授。1922 年接任柏林大学斯图姆夫的教授讲座。这是一个颇有荣誉的席位，他在这里一直任教到 1935 年。在这期间。苛勒曾于 1925—1928 年到美国克拉克大学和哈佛大学讲课。1929 年出版《格式塔心理学》，这是一本有权威性的格式塔心理学系统著作，概述了这个学派的基本思想，观点明确，文字流畅，深入浅出，是一本有启发性的著作。1934—1935 年苛勒曾接受詹姆斯讲座的邀请去哈佛大学发表讲演。后来他决定永远离开德国，于 1935 年写信给柏林的报社，公开反对希特勒纳粹政权。从此苛勒定居在美国的斯沃斯摩尔（Swarthemore）学院直到退休。晚年，苛勒还发表了《心理学中的动力学》（1940）、《图形后效》（1944 年，和 H. 沃利奇合作）等论著。1959 年苛勒被美国心理学会推选为该会主席，1967 年死于美国。

第二节

格式塔心理学的创设及其基本观点

格式塔心理学以研究知觉，尤其是运动知觉起家。1910 年夏，韦特海默想起一种关于视觉运动的实验方法，他请考夫卡和苛勒作被试，开始了由韦特海默提出和设计的似动现象实验研究，从而发起了一种反对冯特心理元素主义的改革运动。

一、格式塔心理学的创设

最初，韦特海默用速示器通过两条细长的裂缝，先后在幕布上投射出两条光线。如果这两条垂直光线投射的间隔时间超过200毫秒，被试看到两条相继出现的光线，但它们是一先一后静止不动地呈现在黑幕上的。如果两条光线出现的时距很短，例如30毫秒。被试则看到两条连续的光线，也是静止不动的。可是，两条光线在60毫秒的间隔时间呈现时，那么被试就看到一条光线从一处向另一处移动。如果先呈现A线，后呈现B线则见一条光线从A向B处移动；如果相反，先呈现B线后呈现A线。则被试看到光线做相反的方向即B向A移动。这种原来是静止的两条光线，能在一定条件下知觉为单线移动的现象，被称之为似动现象。这种似动现象是早已为人们共知的事实，只是用来作为一种科学研究对象进行实验，还是第一次。

韦特海默为了从多方面证实这种现象的存在，他又放映出两条直线，A线垂直或者以45°的倾角和B线一端相交，组成一个直角或者45°的锐角。当这两条直线投射于幕布上间隔时间是200毫秒，或30毫秒时，则被试见到的现象如前所述也是两条静止不动的光线。只有先后的时距在60毫秒时又出现似动现象。

以前关于运动知觉有三种解释：即以冯特为代表的眼球运动说、以马伯为代表的后象混合说和以厄伦弗斯为代表的感觉元素综合说。韦特海默等对这三种解释逐一进行了分析并予以否认，最后提出了他们自己的新解释。例如韦特海默设计了如下的一项实验。他在幕布上先呈现出A_1和B_1两线，然后隔60毫秒再在它们的左右两方同时各呈现出A_2和B_2两条光线。这时，被试见到的是A_1和B_1同时各自向相反的A_2和B_2方向移动。当然，在这种情况下，眼球断不能同时向相反的两种方向运动。这就确实地证明了眼球运动和似动现象无关。既然证明眼球并未移动，那么后象的混合也就没有机会了。

至于感觉元素的综合，韦特海默认为也不符合上述实验的事实。因为被试看到的好像是单线移动，不是先看到两条孤立的A、B线即先看到A线，再看到B线，然后在这两线的感觉基础上通过综合作用才产生运动的。关于这一驳斥，多数人认为不够有说服力，因而人们都把厄伦弗斯的形质说（见本书第十二章第一节）作为格式塔心理学的思想先驱者之一。可是，他们始终不承认，认为他们有自己的新解释。韦特海默认为，似动现象是一个完形或者叫作格式塔，它所具的性质不存在于它的部分之中，而存在于整体本身的动态结构中。所以他断定，似动现象的关键在于两个刺激在时间上发生了一种动的交互作用产生的，它和厄伦弗斯综合说显然不同。

韦特海默还提出大脑的交叉过程概念，试图从中枢神经机能解释似动现象：皮质上不同的视觉区域接受不同位置的光刺激，致使在不同视区引起电流的动的交互作用出现了似动现象。以后韦特海默把这种 Gestalt 现象用来解释一切心理现象，所以被称为格式塔心理学派。

二、格式塔概念的含义和格式塔心理学的基本观点

德文 Gestalt 这个词的含义很多，不易明确规定。也缺乏一个对应的英文词可供翻译。考夫卡同意铁钦纳的译法。译为英文“Gonfiguration”（中文译成完形）。过去，我国一般采用音译“格式塔”，这作为一个外来语的新词理解却有许多方便。1929 年苛勒在《格式塔心理学》中说名词“格式塔”有两种意义：除了作为事物特征的“形状”或“形式”外，它还有一种具体的表示个别特性的统一体意义（苛勒著《格式塔心理学》，英文版）。格式塔心理学就是以研究这样的“格式塔”概念为核心发展起来的心理学派别，它的基本观点大致如下：

■ 关于心理学的对象和方法

格式塔心理学派研究意识，也把意识的直接经验作为心理学的对象。但是，格式塔学派从现象学出发，认为直接经验是自然而然地观察到的经验，反对构造主义把经过分析的感觉元素作为直接经验的基本单位。他们认为，人们在日常生活中并不会直接观察到这种元素单位，它是经过有训练的内省家人为地抽象出来的。他们嘲笑构造主义

的所谓“感觉”只是“抽象的一束”或叫作“一束假设”，意思是日常生活中并不直接存在的假想出来的东西。格式塔学派反对这种原子主义观点，认为整体不可分析成为最小单位，整体中只有隔开的局部，但这局部不能脱离整体孤立地起作用，整体也不是部分或局部的集合体；整体是比部分的总和更多的东西。他们经常应用的例证是有时间形式的曲调和空间形式的几何图形，以及物理学和生理学上的事例。他们独特的知觉学说和思维学说以及生理和心理的关系学说，都是在这思想基础上形成（这些下面要具体讲到）。另外，格式塔的整体还排斥行为主义同意的经验和铁钦纳说过的意义在产生心理现象中的作用。在这方面，他们经常用错觉和知觉中的掩蔽现象伪装作解释。例如［6-1］所示，苛勒认为这个图形中隐藏着字母K，但它被其他线条掩蔽了，即使你对“K”字很熟悉也无法识别出来。所以他们认为，过去的经验在整体结构中不起作用，因而过去经验中的意义也不起作用。此外，虽然他们和行为主义者都同意只研究日常生活中能观察到的经验行为，但是他们要求从认识方面去考查和说明它的结构，行为主义则从新实在论要求去摆弄和操作经验行为。正如韦特海默指出：“格式塔理论的基本‘公式’可以用这样的方式表达：某些整体行为不是由个别元素的行为决定，而是由整体的内在性质决定的。确定这种整体的性质就是格式塔理论所期望的。”（见W.D.埃利斯《格式塔心理学史料》，英文版）

在反对内省法时，苛勒指出：意义依赖于个人经历，包含着非常复杂的来源和多少代表我们资料中的偶然特征，必须去掉它并学习用一种

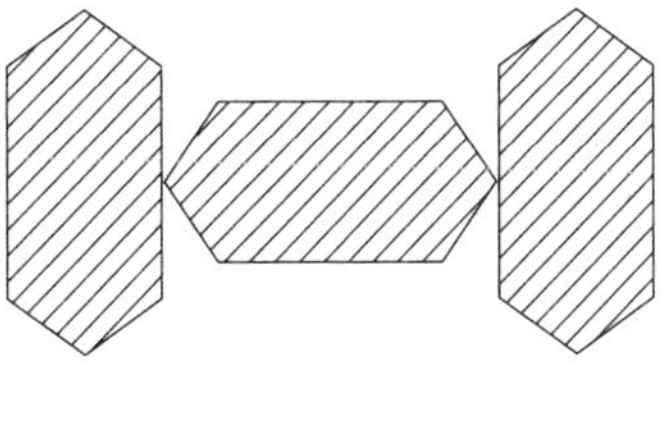

[6-1] 错觉和知觉中的掩蔽现象

方法去接近真实的感觉，以便在它们的纯粹形式中能发现它们的性质和规律。这种方法就叫作“内省”。苛勒还列举了大小知觉、明度知觉和速度、距离等来说明铁钦纳式的内省破坏了日常人们的生活经验。他说：“只要这种内省主义者的态度盛行，心理学就永不会严格地研究属于我们整个生活基地形成的那些经验。相反，我们将观察和讨论那些罕见而不常有的经验属性。”（苛勒著《格式塔心理学》，英文版）因此，格式塔学派把自己的内省称之为直接观察法。当然，这种方法同他们的现象学有密切关系。

■ 心物同型论

上面说过，韦特海默提出大脑交叉过程，认为似动现象是大脑皮层活动的一种格式塔的动力过程，它和经验到的似动现象同一真实，因而必定有和似动现象相应的皮质过程。这就是说，似动现象在心理上或意识中的经验秩序同作为它的基础的大脑经验之间必定是相对应的。苛勒在《格式塔心理学》中也说过：客观的经验依赖于我的有机体之外的物理事件，也依赖于我的有机体中同时发生的生理事件。当依存于我的有机体之外的物理事件时，客观经验就成为周围物理世界的构造物；当依存于我的有机体中的生理事件时，它就给我这些过程的暗示。这就是格式塔学派的心物同型说。苛勒还明确地说：心理经验的系统秩序和物理的或生理的系统秩序之间存在着“一致性或同型性”。他们还进一步用物理学的电磁力场论来比拟心理的格式塔现象。这在下面知觉理论中讲。

■ 格式塔的知觉理论

格式塔理论的最根本观点是任何整体总比它的各部分之和要多的原则。这个原则是从研究知觉结构总结出来的。他们不像构造主义者把感觉看作原始材料，而认为感觉机能的真实性质就类似于投射的印象，铭记在感觉中的每一事件在大脑区域都有代表。在这所代表的印象中不是一点对应一点的再现，而是一种物理的客体传送到一种神经活动的模型中，这些事件和环境中其他事件之间的关系同在神经活动的各种模型中间的关系是相同的。这就是知觉模型和脑活动的同型论。这样，知觉模型的形式就可以当作图形—背景、类似性、接近性、封闭性和趋于完满的规律描述出来，推广成为格式塔理论的一般原则。苛勒就是想要通过这个心物同型论来证明物理学、化学、生物学以及心理学等都涉及格式塔的理论的。这个理论，简单地说就是场论。下面就简单介绍格式塔的五个结构原则：

1. **图形—背景的关系**。在具有一定配置区域中的某些方面，在该区域其余部分形成的背景上，可作为图形突出出来，这种图形—背景的关系和逻辑上或者因果性无关，这就是图形—背景关系的原则（见 [6-2]）。例如，当我们正在读一页书报时，由于阅读进程中字词不断变化，图形—背景的关系时刻变换着，呈现出逆转的情境，即原来为图形的变成背景，原来为背景的转为图形；反之亦然。此外，图形和背景的区分越显著，图形就越突出，越易为我们感知到。例如，晴空霹雳、月明星稀、万绿丛中一点红、鹤立鸡群等都反映了这种情况。
2. **类似性原则**。如果某些事物或事物的各部分互相类似就有被知觉为一个模型的趋向。例如 [6–3] 的方形和圆形易被知觉为一群。因为看起来，圆形和方形分别地“属于”一起。
3. **接近性原则**。某些事物或事物的各部分彼此在时间或空间上

[6-2] 图形—背景的关系

[6-3] 类似性原则

连接得越密切就越易被知觉为一个模型或一群。如 [6–4] 看到的是三个圆圈一组的图形。

[6-4] 接近性原则

4. **趋于完满原则**。在许多刺激条件下，有尽可能把图形看作一个“完好”图形的趋向，如 [6–5] 所示，一个完好的图形是匀称的、简单的和稳定的，它是不能再简化、再整齐的图形。

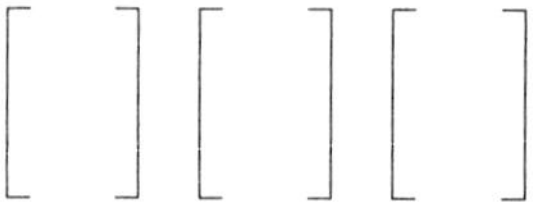

[6-5] 趋于完满原则

5. **封闭性原则**。我们的知觉对不完满的图形有一种使其完满的趋向，即填补缺口的倾向（见 [6–6]）。这个原则和“趋于完满

[6-6] 封闭性原则

原则”是互相联系着的。作为一个独立的原则是由于封闭性在描述一种独立状态下的事物知觉有其重要性。

格式塔学派认为，以上这些知觉结构不依赖个体的高级心理过程，也不依赖过去的经验。因为它们是刺激冲击感受器之后，由“外围”因素引起的。韦特海默也承认“中枢”因素即体内的心向、态度和过去经验以及神经系统的力场起作用。因为这种力场要保持内部的平衡，而知

觉结构就是由于脑内保持平衡所引起力的互相作用的结果。这样，个人的一切心理经验包括思维等及其神经过程就都遵循这些格式塔的结构原则。

■ **苛勒的黑猩猩实验和智慧顿悟说**

苛勒在1924年《猿猴的智慧》第二版《引论》中提出，他的实验目的是要纠正联想心理学只用简单联想作为思维或智慧的唯一标准的错误观点，纠正否认动物有智慧的桑代克观点。

苛勒根据上述目的和要求，把实验划分为两大类：一是"直接道路"实验，即在不很复杂的条件下，动物往往径直地趋向食物。二是"迂回道路"实验。这类实验主要是通过观察动物在达到目的物过程的各种不同方法以确定各种不同的智慧形式。苛勒是用格式塔理论来解释他的各项实验的。下面按从简到繁，从易到难原则列举以下几项实验：

1. 把有绳子绑住的香蕉放在笼外猿猴可见而手拿不着的地方，绳子的另一端拉进笼内放在显眼处。实验证明，猿猴经片刻踌躇即拾起绳子拉进香蕉。苛勒解释说，这种问题情境，动物容易作为一个整体掌握解决。
2. 在上述实验用的香蕉和绳子两旁，各按同方向放下几条绳子拉进笼内，但在笼外的绳子那端不绑住香蕉，只放在香蕉旁。实验证明，在这情境下，猿猴不能立刻清楚地识别而拉先前已绑住香蕉的那条绳子。苛勒解释说，这是猿猴不可能立刻完全清楚地看出整体情境的内部结构问题所致。
3. [6–7] 将香蕉放在一个篮子内，篮柄用绳绑住，绳子穿过屋顶或树枝上的铁圈把篮子吊起到猿猴用手够不到的空中，绳子另一端用活结套在一根树枝或笼子的栏杆上。实验的用意是希望猿猴松开绳子将篮子放下取得香蕉。实验结果是一只最聪明的黑猩猩苏丹，也只能猛拉绳子，在绳断篮落的情况下取得香蕉，达不到实验者的预期要求。苛勒本人也不解其原因何在。

以上三例都是在香蕉和绳子连接好的情况下获取目的物的实验，

[6-7] 苛勒的实验

它不需要动作上的技能。下面的事例就不是这样。

4. 只把香蕉放在笼外猿猴拿不着的地方，靠近笼子栏杆向着香蕉放根木棍，猿猴能很快用棍子拨拉取到香蕉。苛勒说，这是棍子和香蕉很容易被猿猴看成同一情景的两部分，因而很快解决问题。但是如果把木棍放在笼子背后，使香蕉和棍子不易被知觉为同一情境的两部分，猿猴需要重新建立知觉场。这问题就比较不易解决。

5. 香蕉仍放在笼外，还放了几条中空的竹竿，每条竹竿都够不到香蕉，只有两条竹竿连接起来才能够到香蕉。猿猴必须在两条竹竿之间发觉全新的关系。做实验的苏丹经过几次行动都失败。有一次它把竹竿尽量往前推，再用第二根竹竿去推第一根竹竿，直到第一根竹竿接触香蕉。苛勒称这为“有意义的尝试”，意思是朝着这个方向去试验是对的。结果苏丹花了一小时，试验也未成功。

后来苏丹玩弄竹竿，突然解决了问题，下面是苛勒记下的，当时他并不在场，看守人员的报告中说：“起先，苏丹漠不关心地蹲在箱子上（箱子在栏杆后面一点）。然后，它站起来拾起两根竹竿，再在箱子上坐下漫无目的地玩弄竹竿。当这样玩弄的时候，碰巧它发现自己两只手上拿着的两条细竹竿能连接成一条直线，它把一条细小些的竹竿推进另一条粗大一些的竹竿开口端。本来它是侧身向着笼栅的，这时它猛地跳起来冲向笼边，开始用接起来的竹竿去取香蕉。我呼喊主人。就在这时，苏丹的竹竿又脱开了，因为它把两条竹竿接得不好，于是它再一次把竹竿连接起来。”苛勒继续写到，在以后的一些实验里，甚至有些不合用的竹竿混合在一起时，苏丹也能没有困难地解决问题。因为它能不去尝试那些不合用的竹竿而是取合用的竹竿。

6. 屋顶上挂着香蕉，地上放着木箱，但不对着香蕉。猿猴只有搬来箱子对准香蕉爬上去，才能取得香蕉。经过多次试验，其中一只叫那拉的能自己搬来并垒起三个箱子爬到顶上去取香蕉。只是那拉并不是每次都使箱子放平稳后才攀登上去取香蕉，它是凭着祖先森林生活善于攀枝跳跃的技能，只要箱子之间和它的身体相搭，立即跳上去取香蕉，因而往往是那拉取得香蕉的同时箱子也倒塌了。这种情境即使一再试验也难以改变。

以上三例，苛勒把它们归入利用工具的实验。以下是制造工具的实验。

7. 放香蕉于笼外，笼内放着一条有裂缝的木条。由于木条比笼壁网孔宽，猿猴能沿裂缝用嘴咬去一些木料，用变狭窄的木条取来香蕉。不过实验证明，如果木条没有裂缝，猿猴就不能制造出合用的工具。

8. 在惯用手杖或木棍去取香蕉的猿猴笼内，放一根有枝丫的树干。实验证明，只有枝丫折断或半折断时，猿猴才能加工去把它折断用来当手杖取香蕉。否则，猿猴不知道利用树上的树叉。

9. 苛勒认为这是一种最难的实验，它的设计是，笼子外较远处放着一个笨重的箱子或大石块（见 [6-8]）。上面捆死绳子，在一定距离的绳子上绑着香蕉。绳子以斜向拉到笼子旁，放在地上。只有将绳子向箱子的方向并沿着栏杆的外边传递过去，使香蕉和

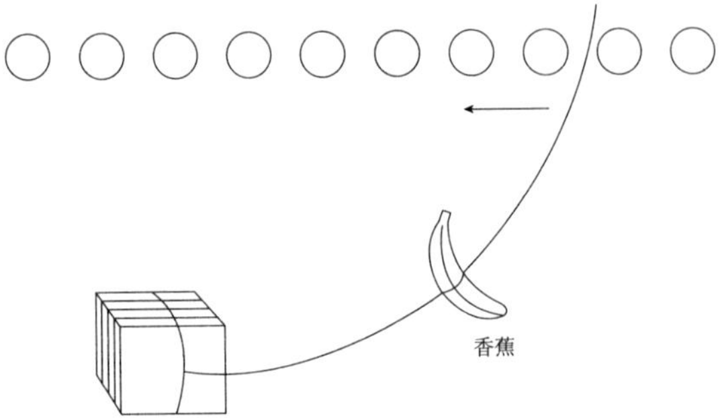

[6-8] 苛勒的实验（进阶）

栏杆垂直，猿猴才能取得香蕉。实验证明，在苛勒的九只猿猴中有四只猿猴：那拉、格朗特、基卡和苏丹，最后能用手接手的方法把绳子传递过去，一直到能取得目的物香蕉为止。苛勒认为，要解决这个问题，必须“完全概览问题”的情境，而实验证明猿猴是能达到这个水平即“顿悟”的。他还认为，顿悟绝不是凭“机会”即桑代克说的经过尝试错误而偶然获得的成功，恰恰相反，它是“完全概览问题”的结果。

在《猿猴的智慧》结论中，苛勒做了以下四点概括：

1. 他的大量实验可以“追溯到智慧行为的原始形式”，而猿猴表现出来的一般智慧行为和人类有些相像，当然在外表上和人类的动作是不完全相同的。
2. 人猿在智慧方面要比其他低等的猴种更和人类相近，这和进化论是一致的。
3. 猩猩所表现出来的领悟，主要取决于它对情境在视觉上有所理解。甚至它过于依赖视觉解决问题，在许多情况下猩猩往往为了领悟而停止活动。也许这只是由于情境的结构过于复杂，而非它的视觉所能理解。因此，如果我们没有一种细密的格式塔理论做基础，对于猿猴的一切作业就很难给予满意的解释。

4. 这个理论及其实验的优点是可以应用于还不能说话的儿童心理的质的测量的，它比那些仅仅从事于“量的测量”的教育心理学具有明确的科学上的价值。无疑，苛勒的概括是针对行为主义以及桑代克教育心理学中强调数量研究和联想心理学的基本理论的。

■ 韦特海默的创造性思维

在格式塔学派看来，思维就是顿悟，它有三个特征：

1. 突然改变行为；
2. 立刻获得成功，而且长期可以重现；
3. 易于向类似的其他情境迁移。

顿悟不是个别的一系列刺激，而是对整体刺激的整合反应。思维的任务是使有缺陷的完形恢复整体性以保持平衡。当然所有这些观点都是针对联想心理学的思维理论的。

韦特海默的遗著《创造性思维》研究了从儿童解决几何问题到爱因斯坦推导相对论的思维过程。这是他试图从不同年龄的人解决不同难度的问题来支持格式塔的思维理论，证明整体比部分占优势，问题的细节只应从整体并和整体联系起来考虑，从整体向部分的方面去考虑才易于解决，而不是相反的过程。他和格式塔学派的其他人一样，要求把问题的全境呈现出来，使被试有完全概观问题的可能性。绝不能像桑代克给猫和狗做实验那样，把解决问题的办法隐藏起来，让被试去盲目尝试，以致迫使它犯错误。

根据上述观点，韦特海默指出，在教学中教师把作业组成有意义的整体，就容易使学生引起领悟的理解，而且只要学生掌握了解决问题的原则，那么这些原则就容易迁移到其他类似的情景。韦特海默从强调整体结构和掌握原则出发，反对在教学上从试误和条件反射引申出来的机械训练和死记硬背。他认为，这种盲目的重复缺少创造性，因为学生只靠机械重复不用领会的顿悟即使解决了问题，一旦遇到问题变式就无能为力了。他同意有一些材料，例如名字、日期等，应通过重复加强联想中的机械练习法去学会它。他认为在一定范围内可以重复练习，但是不能长期依靠并始终应用这种方法，否则养成的完全是机械的行为习惯，那么就会使学生变成机器那样活动，而阻止或妨碍创造性思维的发展。如果由机械练习建立起刻板的行为习惯，就必须启发被试打破旧模式，才能重新创设新的模式。例如，要求用六根火柴搭成四个等边三角形时，很多被试只从平面上去考虑因而无法解决。如果主试者提示他打破从平面上考虑的习惯，那就比较容易解决了。再如［6–9］，令被试在方形的九点上用笔不停地，不重复地画直线，并要求把九点都串连起来，如果不超出方形范围来考虑，也不能解决问题。这就是说，一旦打破旧的模式或完形而引起的顿悟，就是一种创造性思维。他们认为，关于儿童的心理成长研究，用格式塔理论指导是最可取的。

■ 考夫卡的儿童心理发展和人格理论

考夫卡虽然和行为主义者一样，把学习看作心理发展（心之生长）的同义语，但是在如何得到发展的观点上有所不同。考夫卡举“儿童和烛火”的事例来作分析。他说，行为主义和桑代克都认为儿童是最初见烛光都兴奋地抓它，但以后由于手被灼引起躲避反应。桑代克和华生都解释说，这是对烛火的视觉和抓的反应动作发生了联结之故。考夫卡则说，显然这中间是因知觉场发生的改变而改变的，烛火同样是烛火，儿童先抓后躲，显然是以后的烛火在儿童心目中产生了新的意

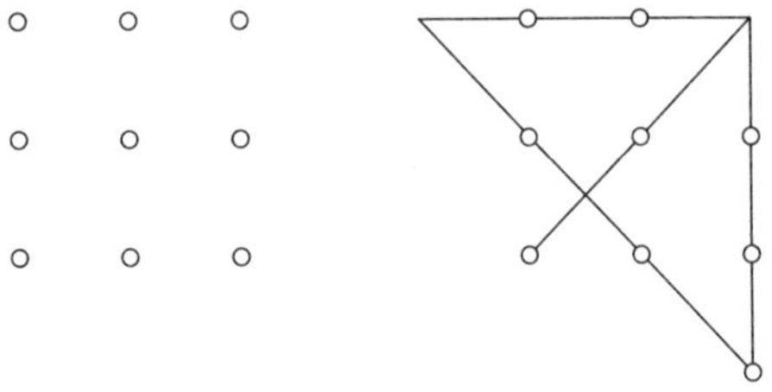

[6-9] 格式塔学派的顿悟说

义。意义的改变就是心理的改变或发展，这是用刺激反应和联结的公式不能解释的。考夫卡从此出发认为，行为是由相互作用的力组织成的动力模式支配的。个人操作的场是内部和外部的力积极活动的心理物理场。这种操作的场可以在物理场的基础上从分子的观点进行研究，但同时它们又包含了经验和行为各方面的整体或大分子来进行研究。格式塔学者认为大分子行为是适合心理学家研究的，而分子行为留给物理学家和生理学家研究。他说，格式塔学派有可能被认为轻视行为发展的历史观点，因为说他们相信任何动作只受当前刺激的场即情景或心理行为来决定。考夫卡接着指出，这个场在任何特殊的时候，不仅包含个人当前场的知觉，而且代表过去的记忆形式和各种欲望、幻想以及未来的计划。它存在着那些代表过去、现在和将来之间的相互作用，记忆影响着知觉，知觉影响着记忆。所以格式塔学派并不忽视过去和将来的作用，而是说影响行为的过去和将来，只有通过现在才起作用。

格式塔学派说过行为场有两极：自我和环境。在两极之间能够形成紧张，因而加强极性并破坏极的平衡造成个人自我和非我（环境）之间的差异和更为清醒的知觉。紧张也可以在自我内部形成或在环境中形成，再次导致不平衡。而且可以适应自我行为的却并不也适合现实环境。这样格式塔理论和动机学说以及精神分析也发生了一定联系。正因为这个缘故，到了1933年德国希特勒执政后，格式塔心理学的三位主要人物韦特海默、考夫卡和苛勒先后被迫移居美国，也就能够和美国的行为主义者，以及由受希特勒法西斯迫害辗转迁入美国的精神分析学者处在既有争论，又能互相容忍、吸收的情况下共存于美国，加强了西方机能主义的思想主流。

第三节

勒温的场论和社会心理学

勒温（Lewin, 1890—1947）的思想倾向属于格式塔学派，但他的经历和学说独具一格。

勒温出生于德国犹太人家庭，1914 年他在柏林大学接受了哲学博士学位，离开大学后曾在军队中服役过，后来重返柏林大学，1921 年成为柏林大学心理学研究所的助手，只是和韦特海默、考夫卡比较接近，并不是一个正统的格式塔主义者。他认为格式塔心理学的整体性学说对实际经验提供了最好的心理学解释。后来，他就由此进行了许多关于联想和动机的重要研究并开始创建他的场论。1932 年勒温到美国，作为访问教授在斯坦福大学度过了颇受欢迎的 6 个月。1933 年为了摆脱纳粹的威胁，他决定永久离开德国。自此他先在康奈尔大学待了两年，1935 年到爱荷华州立大学儿童福利研究站工作。在这 10 年里，勒温指导了一系列关于实验的儿童心理学研究，发表过《儿童行为和发展中的环境力量》(1933)、《人格的动力理论》(1935)、《拓扑心理学原理》(1936)、《场论和社会心理学实验》(1939) 等论著。1944 年开始，勒温受聘到马萨诸塞理工学院开办并领导团体动力学研究中心的工作。虽然他来到这里不久即于 1947 年去世，但他留下的研究规划影响很大。勒温在 30 年的教授生涯中始终专心于人类动机的研究，提出了向量、动力场、拓扑心理学和生活空间等新概念，形成他自己独创的心理学场论和社会心理学。现分别简介于下。

一、场论

场论是阐述需求和紧张的心理系统结构即动机和人格的学说。他把人的心理活动看作在心理场或“生活空间”发生的。他认为生活空间由个人生活中的过去、现在和将来的一切事件经验和思想欲望组成。生活空间的这三个方面无论在数量和种类上都伴随着个体的年龄增长和经验积累而扩展分化。婴儿缺乏经验，他的生活空间几乎没有分化的机能或者只有很少的分化部分。成年人则经验丰富，生活经历复杂，他的生活空间分化成许多层次和区域。为了表述这种生活空间即心理场的学说，他首先采用拓扑几何学中的数学模式。拓扑学用非数量方式来表示空间关系，讨论空间的转移。勒温用它表示生活空间内部各部位或区域之间的联结、分布及其彼此的空间关系。由于拓扑学只讨论空间关系的秩序，不处理它们的方向或距离，他又创立了一种叫作“矢端空间”的概念，并借用向量概念来表示心理活动的方向。

在勒温看来，心理场是各种力的组织形式，客体在心理场中成为趋就或躲避的目标，因而具有积极的或消极的价值，这又引进化学中“诱发力”概念。如果能吸引个体或者满足个体需要的客体成为个体趋就的目标就具有积极的诱发力；如果客体对个体有损害或威胁，就成为个体逃避的目标，这就具有消极的诱发力。

勒温认为以上的诱发力是一种内驱力，此外还有趋就或离开目标的阻塞活动。他把这种阻塞活动叫作抑制力，它对停止或改变行为的进程有直接影响，其影响有时是暂时的，有时是永久的。有机体在面临障碍时，可能回避它的抑制或限制，努力用某种代替的动作或者采取迂回的行为。如果有机体无法越过障碍而受到阻压，就引起退隐行为，从而又获得了消极的诱发力。

总之，勒温认为各种力之间的冲突或协调构成了生活空间的紧张或平静，从而造成个体和环境之间平衡的状态。所以个体行为是由于各种力之间的矛盾和冲突形成不平衡状态而引起了紧张和移动，最后解除紧张恢复平衡的一种动力过程。这就是勒温场论中的动机学说，他借用矢端、向量以及拓扑学的模式就是为了便于说明上述情况并能用图解表示出来。例如［6−10］是一个简单的生活空间模式图，直线和箭头“→”表示力的方向和强度，卵状及其内的曲线表示由种种经验构成的不同区域的结构整体。

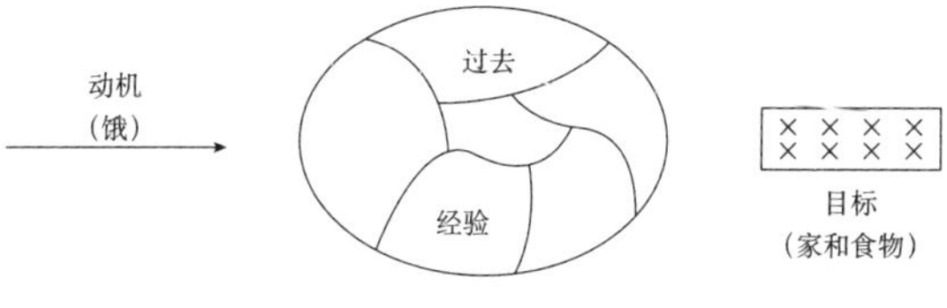

[6-10]　简单生活空间模式图

[6–10] 示意一个饥饿者为了满足需要引起活动——移动。他以过去的经验使他赶忙回家吃饭。勒温就是这样利用数学作为辅助手段，逐渐创立起他的一套学说。

我们知道，空间以各种维度来表示，勒温的生活空间也是这样，[6–11] 卵形中各区域并不是平面的，而是各种心理维度的图解表示。这同我们将来要讲到的新行为主义托尔曼的认知地图相似。

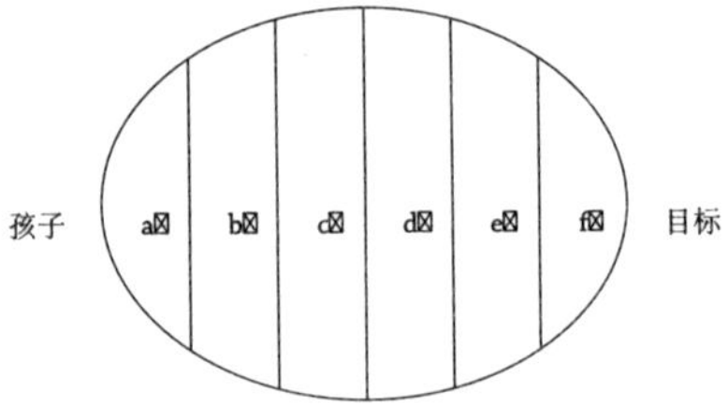

[6-11] 生活空间

生活空间是勒温的一种假设结构，在个人的生活空间内可以是实际的也可以是心理上的移动。生活空间的移动是从一点向另一点运动。例如 [6–11] 表示孩子在生活空间的移动时通过的区域，各区域有隔开的分界线，孩子在生活空间的各区域移动最后达到目标。例如 a 表示取钱，b 得到母亲允许，c 穿好衣服，d 骑马出去，e 得到门票，f 看上电影达到目标。勒温认为用这种图解表示法可以在生活空间的任何地方找到确定的行为位置。它就像在航线上行驶的船舶一样来表示个体的行为。例如孩子想看电影受到母亲的阻拦，如 [6–12]。

卵形中的垂直线表示趋向目标的障壁（母亲），它具有消极的诱发

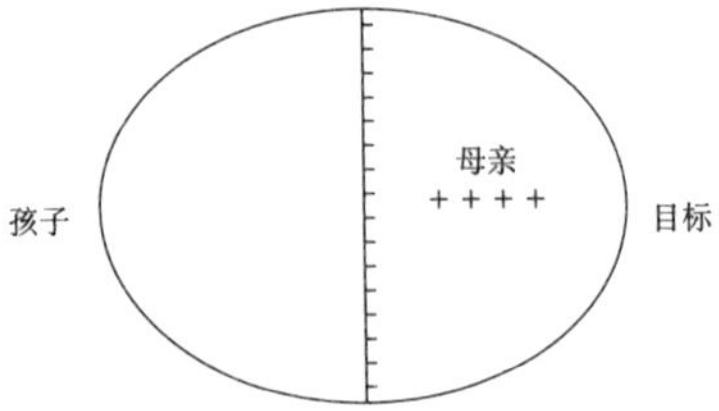

[6-12] 遇到母亲阻拦

力。如果孩子白天受母亲的阻止未能看成电影，他就会从幻想中得到满足如做看电影的梦。如［6—13］所示：它表示了儿童在较高层次的生活空间透过阻碍满足要求。勒温就是用各种图解来表示内部结构或者心理环境形成了人格学说。

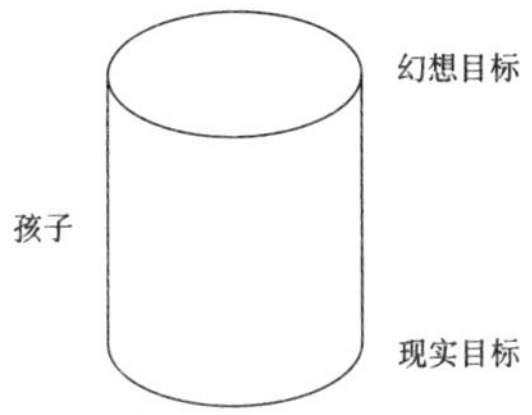

[6-13] 儿童在较高层次的生活空间透过阻碍满足要求

勒温认为，个人的人格是由许多交织起来的层次形成，有些层次较表面是别人可以观察得到的，另一些层次在深处不易接近，然而两者都同样重要。例如需要、理想、信念和目标以及其他心理活动，构成了人格结构的多样化和复杂化，使一个人和另一个人发生差异。有的人层次多，各区域之间有较多的相互作用或相互关系。一个受过高等教育、经历丰富、能说会道的成年人比一个没有经验的婴儿的人格结构区域和层次就分化得好得多，复杂得多。在某些情况下，表面的层次和深处的层次也可能发生互相作用，例如上图的孩子在白天不能实现看电影的目标，则由梦来满足，这就像弗洛伊德学说在分开的意识与无意识之间也可能互相作用的说法一样，构成了一个非常复杂的人格结构。［6—14］外圈

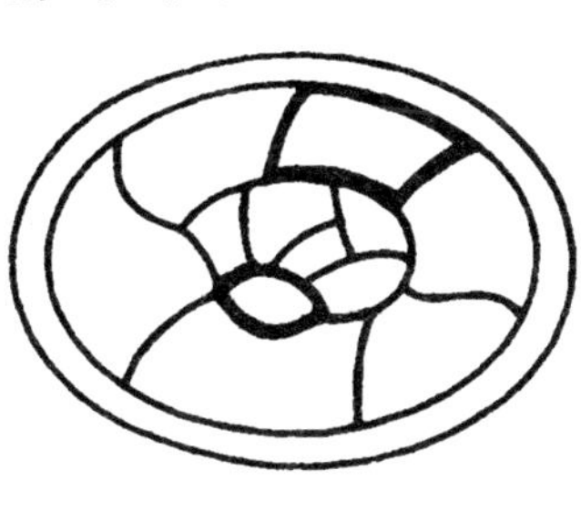

[6-14] 人格结构图

表示表层知觉和运动的机能，代表个人和环境作用过程是可以观察得到的。第二层圈表示不显著的因素如个人的风格和特征、需要和信念等。人格的最核心区域和这个人非常密切，难得揭露，也很少受外界的影响。在图示中各区域之间界限的渗透性不同，粗线表示不可渗透的区域，这些区域不受别人影响。细线表示在边界上可以自由地引起相互作用。因此有的区域比较平稳、孤立。而另一些区域则彼此容易发生密切关系，在人与人之间就表现出种种不同的人格。例如，天生多才多艺的人比低能者在区域上分化得好而复杂。成人比儿童也分化得好些复杂些。这是由个体的年龄、经验、能力和他在当前情境中所发生的事件综合的结果。

总之，勒温把个人的生活空间或心理场作为他的心理学的研究对象，提出了以场论为基础的动机和人格的学说。和研究对象相应，勒温又提出了他的研究方法和理论。

在勒温看来，方法和理论是一致的，方法根据历史的变迁和科学的进步在发展。但他认为当时在心理学中流行的方法还是亚里士多德时代遗留下来的前科学的分类法。分类法从各类资料寻找数量上的关系，忽视对事物的质的研究。他认为这种分类法和数量统计起源于亚里士多德关于物理学的研究方法。可是自伽利略以来的现代物理学，把事物的总体看作一个连续体，连续体中每一变化着的事件是和一切其他事件既类似又不同的，因此从中取一事件就能代表其他诸事件的性质。这就和亚里士多德把规律看作以频繁出现的事件为基础的观点发生矛盾。勒温认为，从连续体的学说看即使出现一次的事件也是有规律的。其实这是从他的上述场论出发的。在场论中他一再强调个体的特殊行为必须从了解他的过去、现在和将来的一切事件、经验和理想来研究分析，因而只要将一个事件进行认真、全面的定性分析即足够确定同类事件的一般规律，而不必用形式上和数量上的统计平均数。

勒温在强调质的分析，反对数量关系的统计作为心理学的研究方法时，他还认为两种表面上不同的现象，实际上是受同一规律支配的。

例如钟摆运动和羽毛降落的速度在表面上没有共同之处，但是它们都受引力作用。他认为这种现象在发生学上也有。勒温援引发生学上的观点时说，一个人的形象即可见的生理特性是由显性基因决定的，它叫“表现型”。此外，还有由遗传结构中隐性基因决定的特性，它叫“遗传型”。这两种基因虽然同时由父代传给亲子，但由于显性基因占优势，隐性基因的特性在外观上看不到，但并不是说它们不存在或者不起作用。亚里士多德时代遗留下来的方法只把注意力集中于表现型，即事物的外观和表现。但从发生学和连续体来看，不是从事物的内容、外观而必须从它的机能作用即看它们做什么而不是看起来是怎样的来研究事物的本性。所以他说，自伽利略以来的科学家渴望要求研究的是事件的本性，使描述个别事例的任务更为重要。勒温强调这种质的分析方法，忽视数量上的归纳统计虽有片面性，但是在心理学史上是第一次从认识论的高度把机能心理学中以研究机能为对象的观点，使它真正地和进化论一致起来。这就使心理学不仅仅停留在生物学的范围内，而更向前迈进一步为跨入动机、价值和社会心理的研究做了理论准备，这就是勒温以场论为基础的社会心理学。但是在介绍勒温的社会心理学之前，必须提一提从他的场论出发进行的一次著名实验研究。这项实验研究的结果被定为蔡格尼克效应。

蔡格尼克是勒温在柏林大学任教时的学生，1927 年她在勒温的指导下以进行实验的结果发表了《关于完成任务和未完成任务的保持》的博士学位论文。这项实验是让被试做 20 件工作。在事先不告诉被试的情况下，让半数被试完成工作，另一半被试在实验中途即令停止。结果发现，在 32 名被试中，属于未完成工作的人回忆量优于完成工作的人。假使用 RC 表示完成工作后的被试回忆量，RU 表示未完成工作被试的回忆量，P 表示它们的比例，则

$$\frac{RU}{RC}=P$$

在这项实验中的P从0.8到3.5不等，平均为1.9。这就是说，RU几乎等于RC的两倍。他们对这项实验的解释是，未完成工作的被试由于心理紧张未解除，因而保持了更多的回忆因素。这就叫蔡格尼克效应。

二、有趣的社会心理学

30年代末勒温把个体行为的心理场或生活空间学说应用于研究社会问题，提出叫作“团体动力学”的社会心理学理论。

勒温的团体相当于个体的活动单位，把团体和它的环境看作一个社会场。它和个体的心理场一样，社会场也是通过各部分的社会关系之间的关系形成一定结构及其特性的。团体在社会场中操作正如个体在生活空间操作，团体行为是特定时间内现存整个场景的一种机能。勒温的社会心理学就是以研究这种机能为对象的。

1939年勒温和里比德（Lippitt）、威特（White）一起进行了一项经典性实验，题目是《在造成实验性气氛下的攻击行为模式》。这项实验的目的是检验孩子团体中民主和独裁对孩子们创造性行为和一般行为的影响。实验设计是将孩子们分别组成三个俱乐部，以便研究不同类型的领袖对他们的影响。其一是高度专制的，其二是民主的，其三是自由放任，听其自然的。任务是通过以上三种条件研究孩子们行为的攻击水准和生产率水平。他们还研究了孩子团体中改变了不同类型领袖后所发生的情况。实验结果表明，在独裁专制的团体里，除了团体中某些代人受过的孩子以外，孩子们相对都表现出有点攻击性。当把独裁团体的孩子分别送到其他两个团体时，这些孩子的攻击性暂时不变。看起来像在独裁的团体里受挫，因而控制突然消除时，反而使他们表现出相当令人惊奇的恼火。只要作用于他们的各种力恢复平衡，这种攻击性就消失，而孩子们的生产率也增加了。工作质量最高的民主团体是成员之间似乎少有敌意而更多友谊，在这个团体中道德逐渐提高，大多数人都喜欢这个团体。

1947年勒温发表《团体决定和社会性变化》论文，认为工厂是研究社会现象的理想实验室，工厂的生产率和道德是论证各种有影响因素中的现成标准。他发现有以下因素的工厂生产率持续下降，例如不满意、太紧张、工作太快、过分的竞争、失去保护的欲望等。而多出钱、改善需求的状况，或者由于认识到社会对产品的需要等都能促进生产率上升。实验还表明，在管理平稳的工厂里，各种成员的生产能力都相当稳定。他坚决主张要把产品也包括在内的各种因素中保持平衡。但是如果有必要提高产品水准，原来的平衡就必须打破。其办法就是改变力的强度或诱发力的强度或者通过引进新的力量。然后着力于建立起新的平衡使力量凝结在新的关系中。

但怎样鼓励雇工采用新的工作习惯呢？勒温试验过许多技术之后发现"团体的决定"是最有效的方法。他发现在工人中用民主方式讨论当前情况，然后由公议决定提出高生产率的要求，这种关心高档产品所需要的讨论和打破旧平衡建立新平衡过程需要引起新力量因素的理论是一致的。因为团体中所有成员都支持的目标就成为团体新生产率水平的准则，每个人为了保持自己是团体中的一员，就必须大家一致，因而团体的决定就趋向于加强或者凝结这种新关系。经过多次的实验，勒温得到的结论是，团体的决定比其他诱导团体变化的方法更为优越。

此外，勒温还用上述的理论和方法去改变社会习惯，例如饮食习惯等。勒温还关心种族冲突以及集体住宿的影响和服务机会、儿童偏见的发展和预防等社会心理学问题。

勒温上述研究的特点是面向日常生活中的现实问题。他的方法没有学院实验室的人为性和枯燥无味等缺点。1942年建立了社会问题心理学研究学会。1946年又创立了训练组和交朋友小组实验的组织方法，从事于由工业到教育等问题的广泛研究，目的都是减少团体中的冲突、发展个体潜能。在心理学的实践和理论上，特别在当前的许多社会心理学中均见到他的思想影响在起作用。

本章小结

由研究知觉起家的格式塔心理学和行为主义一样，有它的片面性。起初，它们各执己见、争论不已。但由于它们有共同的思想渊源，又迫于时代的需要，渐渐地从互相对立演变成互相容忍、相互吸收，成为现代西方机能主义心理学主流的两大支柱。在这一章我们已看到格式塔学派使用“行为”等术语，研究猿猴的智慧，并将动物学习的规律应用于人类。在第二十章我们将会看到新行为主义也吸收了格式塔术语和思想。这表明心理现象十分复杂，可从不同的侧面、不同的观点进行研究，自成体系。同时也表明它们研究的对象毕竟是同一的，在一定条件下可以殊途同归，发现一些共同之处，而又保持各自的特色。历史将进一步证明，随着新时代的到来，它们也将进一步演变，以至于为新的理论取代。然而，这是当代西方心理学的研究任务，将在后面讨论。

SECTION7 第七章

Psychoanalysis
精神分析

精神分析也译作心理分析，有时还称为深奥心理学或情感心理学。这是因为它起源于精神治疗和研究情绪紊乱以及行为失常的病人时发现造成病患的原因是意识深处的潜意识作用而得名。精神分析就是从治疗精神病和神经病发展起来的，以潜意识的活动为对象的一个心理学派。

精神分析诞生于19世纪末（1895），是一个非学院式的心理学派。它的创始人弗洛伊德曾长期受学院派心理学家的嘲弄和排斥，但由于得到民间公众，尤其是患者及其家属的拥护，才逐渐地被心理学界普遍接受并成为一个有影响力的心理学派。1911年以后，这个学派内部分裂，先后出现了阿德勒（Adler）的个体心理学和荣格的分析心理学以及其他名称的所谓新精神分析学派。精神分析也和其他学派一样，有它的社会历史背景和思想渊源及其发生发展过程，它是以其独特途径加入现代西方机能主义心理学主流的。

第一节

维多利亚式的时代病痛

精神分析产生于19世纪末的奥地利维也纳并非偶然。弗洛伊德的学说是他居住地的精神文化气氛下的产品，也是他成长于其中的社会环境的产物。

《心理学理论手册》的作者A.F.尼尔曾经对弗洛伊德学说产生的社会背景作过如下的一段描述：

“弗洛伊德的学说是他居住地的精神文化气氛下的产品，也是他成长于其中的社会环境的产物。在19世纪末期和20世纪初的年代里，物理学和生物学这些分支对所有科学做出了理论上的极大推进，许多社会科学家包括弗洛伊德都特别为力的能量的动力学概念所吸引。弗洛伊德从试图了解他的病人的行为着手使用这些概念。这些病人中许多是在当时犹太人家长制的典型家庭里长大成人的。他们的生活在奥地利帝国的高度专制和严厉的天主教徒社会里度过。在这种维多利亚式（指该时代陈腐伪善的道德标准和华丽藻饰的文艺风格等。——引者注）的严峻道德范围内，许多人患着某种形式的性困难的病痛。因为性生活是社会戒律的主要领域之一，因此也是个人内部冲突的主要方面。这种维多利亚式中间的奥地利—犹太文化不仅形成了弗洛伊德病人的人格，而且也形成了弗洛伊德本人。”

其实，尼尔描述的上述情况不仅仅在维也纳，也不仅仅是精神文化的产品，而是西方资本主义社会制度下的普遍现象，只是各国具体条件不同，表现形式略有差异。

弗洛伊德本人之所以着手了解他的病人原因，还有深远的思想渊源。德国和奥地利是近邻，两国之间的思想文化相近，德国的一些传统思想在奥匈帝国时期流传深广。弗洛伊德一度又是布连塔诺的学生，因而对德国的哲学有所知晓。而布连塔诺受康德和莱布尼茨的思想影响很深。弗洛伊德关于潜意识的思想就是来自这一渠道的。

到了19世纪中叶叔本华把康德的“物自体”看作精神实体即意志。意志是万物的本质和基础，一切事物都是意志的表现。人的身体也是意志的产物，它使一种想存在的意志和欲望变成了可以看见的客观事物。先有我要出生的意志，然后才出生我的肉体。换句话说，因为我要生出来，我才生出来，这就是叔本华唯意志论的思想核心。盲目求欲的意志就是一切。意志不仅是万物之源，也是万恶之母和痛苦之源。因为意志总要自我表现，但它永远得不到满足，也就永远痛苦。任何事物都为自己打算，互相冲突也就不可避免。可见，叔本华的思想是神秘、悲观，也是唯心的。后来尼采发展了这种精神至上的唯意志论，认为要求权力的权力意志是各种有机功能的根本等。下面我们可以看到，在弗洛伊德和阿德勒等人的心理学中有这些思想反映。

此外，在讲到桑代克的时候，我们还说过当时西方有一种快乐主义或者享乐主义。这种思想在弗洛伊德的精神分析中也有反映。

所以，弗洛伊德的思想体系里既包含有尼尔说的当时物理学和生物学中力和能量的动力学成分，也有上述各种哲学思想的成分，是几方面思想成分的综合。因此，关于潜意识的本能欲望或性欲活动就成为弗洛伊德精神分析要阐明的生物学机能的思想核心，而为现代西方机能主义心理学主流思想增添羽翼。

第二节

精神病治疗和精神分析

弗洛伊德的精神分析直接来源于精神病治疗的理论和方法。自古以来人们对待精神病的病因有两种看法：一种认为，精神病是脑中障碍引起的，这叫肉体派；另一种认为，那是情绪或心理上的紊乱或创伤造成的，这叫心灵派。精神分析是由主张情绪紊乱和紧张比脑机能发生障碍更重要的一些人发展起来的，而推广这种看法并采取催眠治疗方法的人，首推麦斯麦（Mesmer）。

麦斯麦（1734—1815）是奥地利维也纳的医生。他认为人体内充满动物磁液，如果身体内部磁液失调，就会发生疾病。麦斯麦曾在巴黎开设了一所医院用通磁术治疗过许多病人，故有麦斯麦术之称。

1774年麦斯麦的一个学生普塞句和他的兄弟一起给病人行通磁术时，发现病人出现了催眠状态（这种状态，麦斯麦原来称为“迷狂状态”或“健康转机”）。当时，病人安安静静睡着，呼唤、摇动他都醒不过来。约过了一刻钟，他自然地起身走路、谈话、做事，比平时还敏捷，只是神志处于昏睡状态。普塞句称之为“人工梦游”。在梦游时，病人的行为任由医生或实验者指挥，清醒以后则若无其事尽数忘掉，同时原来的病症也跟着消失。

通磁术的神奇、奥妙，立刻流传开去。有些人则趁机骗钱，有些人斥之为江湖骗术。社会舆论哗然！ 1784年巴黎的法兰西科学院否认有动物磁液存在人体内，并下令严禁使用通磁术。

此事过了40年，1843年英国人白朗特（Breland, 1795—1860）发表《精神催眠学》，指出催眠状态是注意力高度集中的结果，是一种生理作用，并不需要磁性说来解释。他把这种状态叫作“单一观念症”（类似于一种“神经官能症”）。催眠术这个词就基本上由此确定下来。由于白朗特并未夸大催眠的作用，反而获得了一定的科学声誉。为此有时也称催眠术为白朗特术。

麦斯麦术从巴黎输入英国，在经白朗特修改后又输回法国。在法国最有贡献的是李厄保（Liebeault）。

李厄保（1823—1904）是南锡的一位乡村医生，研究催眠现象长达20年，免费给农民治病。1866年著有《论睡眠》一书，他指出催眠中的昏睡和日常的睡眠不一样：前者思想固定和催眠者有关，深度催眠醒来记忆失缺，这是由于昏睡时一切神经力集中于脑，而一旦醒来又重新完全扩散到全身。几乎与李厄保同时，1862年沙可（Charcot,J. M.）在巴黎开创萨尔柏里埃精神病诊疗所，形成南锡和巴黎两派的对立。南锡学派偏重心理，对催眠状态的生理变化不注意；巴黎学派则相反，注意催眠的生理变化。

沙可的著名学生是商纳和弗洛伊德。商纳像导师沙可一样，把歇斯底里归结为由皮层衰竭引起的心理衰弱。但在商纳生前，神经官能症被看作心因性的已开始占优势，因而被看成一种精神性神经病。同时催眠是心理的见解也压倒了早先沙可和商纳的主张。随着时间的推移，催眠本身也开始由于精神治疗中出现探索无意识的心灵而逐渐消失。据说在假说无意识概念上，商纳先于弗洛伊德。但弗洛伊德争辩说，那是商纳随便说说的。商纳不像弗洛伊德，他没有留下为他的心理学永久存在的任何学生，结果是当他于1947年去世后，在巴黎和萨尔柏里埃的法国医学心理学传统也就消失。而且就在商纳生前，临床心理学已经由神经因或生理因转向心因性，许多心因性的区域已为弗洛伊德的精神分析心理学发现了。

第三节

催眠与梦的探索者：弗洛伊德

弗洛伊德（1856—1939）出生于今捷克摩拉维亚一个犹太人家庭，父亲是呢绒商人。在学习期间，弗洛伊德就做过生理学实验指导，也听过布连塔诺的哲学课。1881 年他得到博士学位。1883 年做大学无薪教师，1902 年升为神经病理学教授。1938 年纳粹德国入侵奥地利，弗洛伊德被迫流亡到英国，第二年死于伦敦。

对弗洛伊德从事精神分析研究影响最大的有两段经历。

1. 和布洛伊尔（Breuer, 1842—1925）一起研究用催眠技术治疗歇斯底里神经官能症时发现了疏通疗法。
2. 在巴黎和沙可一起研究催眠和歇斯底里症发现心理障碍的性基础（1885—1886）。

此外，在法国的一年中，他还专程访问过南锡学派，在那里他发现催眠醒来的病人经医生耐心启发能把遗忘的事情全部回忆起来，这对他以后采用自由联想的谈话法很有影响。

事情的经过大体如下：1881 年弗洛伊德取得学位后结识了布洛伊尔医生。布洛伊尔有个女病人叫作安娜 · 欧，表现出瘫痪、记忆缺失、精神颓废、呕吐、恶心以及视觉和言语的紊乱等歇斯底里症状。在催眠治疗过程中，布洛伊尔发现安娜说出一些特殊经验后，有关的症状也就消除。在一年多每天见面的过程中，安娜体验到通过谈话吐露思想深处的经验就会摆脱许多有关的症候。这个治疗后来叫作疏通。而把安娜和医生的这种关系叫作积极的迁移或移情，它是精神治疗过程中一定出现的一部分过程。但是，布洛伊尔意识到病人的这种移情对医生十分危险，最终停止了治疗。

1885 年弗洛伊德得到一个机会去法国巴黎向沙可学习。当时沙可是国际上治疗和研究精神病的权威。在学习期间，弗洛伊德观察沙可在治疗歇斯底里中如何使用催眠。有一次晚会上，沙可突然说，某些病人的障碍经常有一种性的基础，而且一定涉及生殖器方面的问题。

回国后，弗洛伊德发现许多病人复诊时出现了另一些症状，而且大约有1/3的患者不能接受催眠或者深度催眠。为此，弗洛伊德放弃催眠，用了南锡的谈话法，使病人在觉醒状态下自由联想。这种技术的步骤是让病人放松身心躺在床上任意地自由谈话，不管联想起什么都完全说出来，目的是使病人把压抑在意识中引起异常行为的原因清醒地记起来。这是弗洛伊德独创的，也是精神分析演进中的最重要一步。

不过，经过实践，弗洛伊德发现越来越多的病人常常回忆起童年时代的经验，而在那些被压抑的记忆中有许多是和性爱有关的事情，这就使他注意性爱和精神病因的关系。1895年他和布洛伊尔一起出版《关于歇斯底里的研究》。这本书标志着精神分析正式问世。书中包括安娜在内的五例病例，布洛伊尔的一篇论文和弗洛伊德关于精神病理学的一章。但这本书非但销路不好，反而招来了许多批评和非议，这是由于弗洛伊德过分强调病因是由性引起的。为此，布洛伊尔在出版前就不同意太看重性的意见又提了出来，两人的友谊也从此由冷淡到破裂，弗洛伊德对于这件事毫不介意，他仍一如既往加紧病因论的研究，并且随着病例的积累和分析，愈益坚信儿童时代创伤的性经验是歇斯底里的致病原因。他断言有正常性生活的人是不会有神经官能症的。

从1897年开始，弗洛伊德做了两年自我分析，于1900年出版《梦的解析》一书，介绍了对梦作自由联想的分析方法以及梦的象征作用等。这是他从精神治疗转到研究一般心理学的开端。在1901年他又出版了《日常生活的精神病理学》，提出对过失和错误的分析中发现不仅神经病患者，就连在正常人的日常行为中也可能因潜意识的内部斗争而改变思想行为。例如失言或遗忘就可能是真正动机的反映。1905年他出版《关于性作用的三篇短论》，再次强调性爱在生活中的作用。从此，弗洛伊德和他的精神分析日益为人们所知。1909年美国人霍尔邀请他到克拉克大学20周年校庆大会上发表演说，在美国会见了詹姆斯、铁钦纳、卡特尔等美国心理学界主要人物。在克拉克大学，他发表了五次演说，这些演说词都于第二年刊登在了《美国心理学杂志》上。不久，还译成几国文字。总之，这是一次弗洛伊德亲自把精神分析传入美国的重大活动，它为第一次世界大战后精神分析在美国的传播播下思想种子。由于他努力不懈，到 1920 年精神分析已经作为一种理解人类动机和人格的理论体系雏形出现于世，它已经不仅仅是一种治疗疾病的方法。1923 年医生发现弗洛伊德患口腔癌，在以后的 16 年中他虽在病痛中度过，但仍未间断过工作。1939 年 11 月 23 日在伦敦去世。

第四节

弗洛伊德精神分析的基本思想

在弗洛伊德的学说里，意识部分很不重要，重要的是无意识，尤其是无意识的潜意识活动，它是人类行为思想背后的内驱力。人的一切喜怒哀乐及其生死存亡都决定于无意识的潜意识性欲冲动及其种种变相的活动。

一、弗洛伊德精神分析的研究对象和方法

在弗洛伊德的学说里，意识部分很不重要，重要的是无意识，尤其是无意识的潜意识活动，它是人类行为思想背后的内驱力。人的一切喜怒哀乐及其生死存亡都决定于无意识的潜意识性欲冲动及其种种变相的活动。此外，他还认为有前意识或先意识的存在，这种无意识状态和潜意识相比，较容易被召唤到意识中来。与上述三种意识的存在相适应，后来弗洛伊德提出了本我、自我和超我三个新概念。本我最原始，处在最难接近的底层，但它极有力量。弗洛伊德把它形容为“巨大的深渊、一口充满沸腾刺激的大锅”。它“不知道价值判断，是不好的和邪恶的、不道德的”。本我不考虑客观现实环境，只一味地直

接追求满足。自我是处在本我和超我之间，协调自身和外部世界的关系，使本我满足。自我和本我的关系，弗洛伊德比作骑士和马的关系：马提供力量，骑士指向要去的方向前进。超我则高居其上，是社会道德的代表，和本我处在直接冲突中。按照弗洛伊德的上述思想，人的精神生活可以用［7−1］表示。这个图实际上是弗洛伊德心目中人格结构的一个模式，但是他并不认为是心理学研究结构，而是研究内部各种力的关系及其矛盾冲突的发展。因此，从心理学观点看，弗洛伊德是把无意识的动机力量或内驱力（即潜意识的种种活动）及其形成发展作为主要研究对象的。

与独特的研究对象相适应，弗洛伊德的研究方法也是独创的。概括地说，弗洛伊德的心理学应用自由联想、梦和对日常生活的分析三种方法。这三种方法都不用传统心理学中的实验和数量统计，而是通过治疗分析的文字记录来综合出他的原理原则和各种学说的。他的记录是靠事后的回忆和分析，并不是临床记载，主观性、任意性是很大的。他对每个病人的治疗时间都很长。他把这种长时间积累下来的材料进行批判性分析的方法，叫作“内部一致的方法”。有人对弗洛伊德的这种方法作了如下的描述：

“从材料的一部分作出推理，由材料的其他部分所显示的证据来核对，以便从情况中抽出来的最后结论建立在事实和推理的互相连接

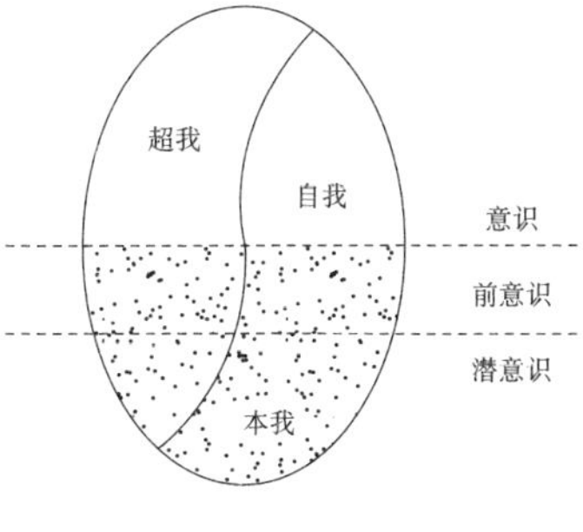

[7-1] 人的精神生活

的网络上。弗洛伊德像一个侦探集合形迹或者一个律师和法官总结诉讼那样进行他的工作。只有在每种情况都得到相互印证，条理井然之后，他才对所做的结论感到满意。”（引自舒尔茨《现代心理学史》，英文版）

所以表面看来，弗洛伊德事后追记和分析、象征等都是主观的，而且有时有些荒谬。但他毕竟是个医生，他的实践和病人的情况却时刻在矫正、修改他原来的主观性。这是弗洛伊德精神分析方法之所以能长期存在并得到发展和公认的关键。

二、人格的内部冲突和动机学说

由于意识和潜意识，本我和自我、超我处在对立矛盾中，它们之间的对立斗争引起人们种种内心活动和行为。本我充满潜意识的本能的精神力量，弗洛伊德称之为“力比多”。力比多发作就引起张力，驱策无意识的活动。因此，这里的本能是一种内驱力或冲动。弗洛伊德把本能分为两大类，即生存本能和死亡本能。生存本能包括饥饿、性欲等自我保存和种族生存的冲动，它以一种力比多的能量形式表现出构成生命基础的创造力。但种族生存和自我保存是矛盾的，在这意义上说，生就是为了死。他说：“一切生命的目标是死亡。”因而有死亡本能，它表现出破坏性和侵略攻击。当弗洛伊德本人日益衰老时，他愈加认为，进攻和敌意同性欲一样，也是人类行为强有力的动机。

在生存本能中，弗洛伊德认为性爱本能是最强有力的，人生来就有。不过他的性欲或性爱不仅仅指生殖方面，凡是能使身体感到快感的都包括在内。例如婴儿吮吸母乳、抚摸婴儿的身体等。这种性爱冲动随着年龄的增长而扩大发展。这种无意识的内驱力一味要求满足享乐，往往与现实发生矛盾冲突，即产生内在的张力。只有矛盾解决即力比多得到释放或部分释放，才使张力解除或减少，得到正常的平衡发展。为此弗洛伊德提出了唯乐原则和唯实原则。本我一味追求直接的欲望，以求快乐，这就是唯乐原则。但是现实的社会不允许尽情取乐，本我常受代表社会道德的超我的抑压，使本我的欲望不得实现，如果如此长期不得解决，则压抑转成焦虑不安，久而久之以致成为精神病患者。弗洛伊德的精神分析就是通过医生和病人谈话，将长期压抑在内心的观念，由记忆宣泄出来，解除抑制消失症候。

然而，每个人几乎都有难以满足的欲望，却并不一定都是精神病患者，这是什么原因呢？他认为这是自我按唯实原则实现了欲望。前面说过，自我代表现实，凡意识到的欲望就是现实允许实现的欲望，不会受超我的压抑。但是这毕竟有限，大量的欲望是不能实现的。本我为了实现它，则采取了种种弗洛伊德称之为“象征”的手法。他认为象征能以两种形式发挥作用。

1. **梦中的化装作用**。他认为梦中的显相就是隐义的化装。人往往能通过梦境实现白天的欲望，这是梦中超我放松了检查，容易伪装蒙混过去。这种伪装或化装有以下几种：①凝缩，即给原来要满足的欲望予以集中简化，使其看不出原型，如到园中赏花、采花。这个花可能是他许多心爱事物的集中和简化。②移置作用，欲望中重要的东西表现为最不重要的。例如，有一客人已走出大门却又回转身来，说是忘了带上手杖。据分析，回头拿手杖是件不重要的事，是种显相，而希望再看一看女主人是这位客人的隐义。这就是说，人的显相行为常常隐藏着无意识的隐义。③戏剧化，将抽象的东西变成具体的事情。例如，一妇女梦见被马踩踏，其实是代表她内心顺从了男性的要求。④加工改造或精心制作，使无条理的东西改造成有条理的梦来欺骗意识的检查。

以上多数是《梦的解析》中的事例。另外在《日常生活的精神病理学》中，弗洛伊德把正常人的遗忘、偶然的失言、笔误和疏忽的过失等也说成是有无意识的欲望动机的。例如，他自述一次极度疲劳时主持会议。刚要开会，他却宣布“现在散会”。他说这是当时无意识地希望“散会”。因此，弗洛伊德认为一切心理行为，即使是无意识的也有原因决定，绝没有偶然性。

2. **升华作用**。就是把低级的欲望引导到高级的活动中去，不使欲望以低级的方式得到满足。例如文学艺术、科学研究、社会事业和宗教活动等。他把小说、诗歌、戏剧、绘画等看作是发泄性欲的象征。裸体女人雕刻是人有赤身裸体的要求，但为现实生活不允许，因而用艺术表现出来。歌德失恋写了《少年维特之烦恼》，拿破仑、希特勒因性欲不得发泄而发动战争。总之，人类的一切思想行为无不是性欲及其变形的象征。正因为这些见解，引起了包括他的得意门生荣格和阿德勒的反对。

三、人格的发展和性心理阶段

弗洛伊德认为内驱力虽是人生来固有，也和体外环境发生关系。不过这和年龄、性欲活动范围的变化相关。他认为在5岁以前幼儿的性欲是为所欲为盲目的，他称为自恋时期。在这时期内形成的人格一直影响到成年以后。5岁以后由于自我意识在形成，逐渐知道现实不允许无限制地满足欲望，采取了唯实原则。弗洛伊德认为从婴儿到成年发生许多阶段，每一阶段在心理上存在着性欲本能和环境之间特殊的相互作用。

■ 出生创伤

从出生一开始胎儿就经历着出生的创伤。即出生就经历着使婴孩诱发出焦虑的经验。这种经验是以后一切焦虑的原型。这是出生过程形成离开母亲怀抱的害怕，转化为离开其他人和独住的害怕。不过出生创伤不是一个人终生焦虑的唯一决定因素，也不是以后一切焦虑经验的模型。

■ 口唇期

这时期婴儿的大多数感受是在口。口是一个自恋的区域，即身体愉快来源的部分。通过吸吮第一次和母亲的技能合作，这是婴儿对世界的最初认识，只能靠满足口腔提供的客体，所以称之为口腔吸吮阶段。从出生之后第二个月时，幼儿长大一些，父母稍稍改变了对待他的方式：有时故意让他哭一哭，或者延缓满足他不合理的要求。这时候幼儿出现矛盾的情绪动作，出现爱和怒。已长牙的幼儿出现用嘴咬来表达他的怒气。所以弗洛伊德称为口唇阶段。在这两个阶段合成的同一时间内，不适宜的满足（如太多或太少），会使幼儿产生口唇型的人格，为极端的口部习惯纠缠住，成为吸烟、接吻和贪食的人。弗洛伊德认为一个人从极端的乐观主义到好挖苦和讥诮癖之间的各种表现都是由这个发展阶段偶然产生的事引起的。

■ 肛门期

到出生后第一年末，吃的问题已解决，父母的注意从口唇活动改变到如厕训练。弗洛伊德说随着父母提出新的要求，幼儿身体上的自恋敏感区也发生改变，从口唇转到肛门。在幼儿看来，对父母提出的新要求——上厕所训练是不理解的。但他知道不得不服从父母的要求去做，否则就会受到惩罚。因此他开始觉得世道是残酷、专横的。由于他不理解为什么要上厕所和受到惩罚，所以在一周岁到两岁时期的儿童往往很保守，愿意做一些做过的事，对于新事物往往因怕而逃避去做。

在上厕所训练期儿童还产生另一特征，那是因为经常受父母的训练、责备和解释。这使儿童感到成人谈的就是这样一些没完没了的无聊的话，因而他发现自己也正学会这样没完没了地自言自语，说出一些无意义的声音。

在训练上厕所习惯时，儿童发现父母对自己的排泄物有兴趣。当他排泄时父母感到高兴，不排泄就受到惩罚。父母把他的粪便搜集起来倒掉洗涤。因此儿童也学习收集所见的东西，也喜欢评价议论。这是肛门期儿童的一般特征。弗洛伊德把这个时期也分成两个阶段：第一阶段的儿童大概在 1 岁以后，他能有意识地控制直肠运动。但只能控制大小便，不能阻止它。于是孩子就以大便为手段来回敬父母对他的惩罚。这个现象他叫作肛门发泄阶段。此后，幼儿学习抑制直肠运动在合适的时候排泄。弗洛伊德称为肛门定位阶段。这个时期直到 3 岁和 4 岁之后就转到生殖器区域时期。

在肛门时期里引起强烈冲突的人，就会成为一种排泄型的成人，这种人肮脏、浪费和放肆；或者成为一个便秘型的成人，他过分干净、清洁和具有强迫性的特征。人们对弗洛伊德的这些说法，虽然议论纷纷，但一般父母都承认常常因训练大小便的习惯和孩子发生冲突，有时候儿童还显示他的胜利而得意扬扬。

■ 生殖器时期

这个时期大约发生在 3 岁或 4 岁。在这时期内男孩和女孩知道各自的生理有所不同。男孩怕失去，女孩因缺乏男孩的生殖器，各自都会发生焦虑。但孩子们都喜欢得到别人抚摸身体而引起的快感，尤其是男孩热爱着母亲、妒忌父亲。弗洛伊德还用古希腊的一位王子俄狄浦斯杀父娶母的故事来佐证。在这时期内，孩子也常常各自仿照异性父母的行为以取宠，而把同性父母看作敌手。这种情绪和态度会保持下去继续影响他在成年生活中和异性的关系。此外，儿童仿照各种成人的行为，获得了许多自我的理想、道德信念和道德观念以形成超我。为此 5 岁以后到 15 岁儿童进入潜伏阶段。在这阶段的表现是减少生殖器区的敏感性，避免有性刺激的对象。儿童离开家庭和父母的时间越来越多，他的兴趣在同伴不在双亲，但总躲避着异性，常常发生同性恋。

■ 青春期

大约在 12 岁或 13 岁开始了青春时期，在这时期内会发生许多冲突。这是因为他希望摆脱父母独立但又未成熟到能过成人生活。他反对父母又依赖着父母，内心有种种强烈的矛盾。他既不是儿童，也不是大人，而是处在两者之间，所以俄狄浦斯情结容易在这时期发生。

■ 生殖期

弗洛伊德认为只要能成功地解决以上所有的性心理阶段的冲突，那么这个人就能达到他所说的理想的完美境界。达到这种状态的个人在性、社会和心理上都是成熟的。他有强壮的自我，能够纯化他的一切冲动以至于他体验不到冲突和保卫的需要。但这样的人格是很少的，因为大多数人由各阶段中留下的不良影响造成以后的心理创伤乃至疾病的可能是很大的。有人认为，弗洛伊德得到的结论是：

1. 注意儿童早期经验，教育必须注意这个结论，防止错过教育影响最好的时机，或者被不良影响优先占领。
2. 早期经验的不良倾向是可以防止的，只要父母不娇养、不放任就能够培养出理想的人格。
3. 加强道德教育，利用种种方法将人类的潜在能力充分发挥出来并使之走上正轨是可能的。
4. 即使已经成为疾病，也是可以治疗的。这就是弗洛伊德精神分析的理论和方法必然得到的结论。

为此，不少人认为弗洛伊德是个思想家、是个伟人，关键就在于听他的说教始终有些神秘、荒谬。但他用来佐证的却多数是事实。他将这些日常人们看见但并不注意的事实，加以整理使之条理化成为系统，叫作“信不信由你，但它是事实”。

其实，弗洛伊德精神分析的最大失误是他歪曲了事实，他把资本主义社会人和人之间的关系以及一些不合理的现象在精神病人身上的反映，统统归之于生理学的性本能。他的得意门生就是反对这种观点自立门户的。到了60年代人本主义者也以此攻击了精神分析学派。

第五节

荣格的分析心理学

荣格（Jung, 1875—1961）原是弗洛伊德

的得意门生。1911 年他们曾一起筹备精神分析国际学会，内定荣格为主席。当时的精神分析家多数是犹太人，唯独荣格是瑞士的非犹太人。单就弗洛伊德推荐他为主席这一点看，足见荣格受到弗洛伊德多大的器重。

在三年以后，国际精神分析学会召开那年，即 1914 年，他们之间发生了意见分歧，从此荣格分裂出来形成他自己的分析心理学。其实，荣格心理学的基本倾向同弗洛伊德的只有些小异，而且在某些方面荣格的思想更为神秘，还带有宗教色彩，只是在人格的类型学说上有所创新。下面从他们的思想异同说起，然后简述荣格的基本思想。

一、荣格和弗洛伊德思想上的异同

在精神生活的原始动力上，他们的思想来源都和唯意志论有联系。

荣格还和柏格森（Bergson）的生命力思想有关，认为原始动力是一般的生命力或心力。“力比多”是未分化的一般生命力，并不只是性欲。性欲和求权意志等都是以后分化出来的。在婴儿时期，以营养和生长为快乐，性欲这时还未出现，因而这个时期的儿童并无性爱表现。弗洛伊德的“俄狄浦斯情结”更不是个体生活中形成的，那是原始的野蛮社会遗留下的集体无意识的表现。

弗洛伊德认为内心的欲望和现实矛盾造成冲突，被压抑的欲望则采取各种化装或疾病的方法求得满足。荣格则认为，心力能分化，因而要求分化了的各种精神力量保持平衡，不健康的精神生活就由于生命力未保持平衡，可以用补偿作用来恢复平衡。

在无意识的内容和来源上，他们都承认无意识是精神生活的主要作用者。

但是，荣格认为有个人的无意识和集体的无意识。后者是弗洛伊德未提到过的。荣格把集体无意识或种族无意识看作从猿人以来保留下来的对一些问题的基本观念或思想形式，以原型的方式遗传下来。他并不认为观念能遗传，但那是遗传下来的观念萌芽，保留在无意识中的。有时候他又把这种原型叫作优势因素、原始印象、思想原型和行为模型等。荣格还认为，个体的无意识只占无意识的一小部分，大部分是集体的无意识，是根据神话和原始社会的风俗习惯所得。

在方法上，他们都是通过对精神病的治疗分析来研究的，但是荣格有自己的四种方法作为研究和治疗的工具。

第一种是联想法，即要求病人当他心中出现第一个字时要对一串字的每一字做出反应。第二种是症状分析，即借助病人对症状的联想为病人的精神结构确定症状的内在意义，由分析家观察和说明它。这种方法原先由弗洛伊德形成，只在研究创伤性神经官能症中使用，但很快就被放弃了。第三种是病史的分析，这是对病人生活史上一些偶然巧合事件的广泛搜集和考查。第四种是最广泛使用的方法，即梦和幻想的无意识分析。荣格采用这些现象的表面价值，即外露的明显的无意识心力而不是隐蔽的象征。荣格方法的主要特点就是使病人能较自由地联想，让病人无意识和分析家无意识的大部分发生相互作用。荣格的分析心理学就是由上面这些特点建立起自己体系的。

二、荣格分析心理学的基本特点

■ 目的论原则

弗洛伊德强调心理的因果性，认为一切心理都有原因，要求追寻儿童时代的病因。荣格认为，人的精神生活不仅受过去原因影响，还受对未来所希望的目的支配。精神现象虽有本质差异但也有相同之处，那就是它们有追求平衡的目的；而精神的最后目的就是要达到“真我”，即达到人和环境融为一体。“真我”最完善、最平衡，对一切现象大彻大悟。因此研究心理不仅追溯过去，而且要注意生活的目的方向。为此他还研究过佛教中的“参禅”，并且认为，对病人的症候和梦的分析要注意其下意识中的目的，因为这些症候和象征只是病人在下意识中达到目的的手段。

■ **心力论**

前面说过，荣格把精神生活的原动力看作一种生命力或心力、力比多。有时也叫作生命能，它的表现就是心理能。所以心理能是机体内在的精神能量，并不是物质的，这种能无法直接测量，但可在各种心理活动的表现中看出它的强度。例如某人在某方面感兴趣，就知道他有某种心理能的倾向。一个整天工作不倦的人，他的心理能就很强。通过一个人的意志、希望、情感、注意和奋力的表现就可以看出这些心理活动的实际力量。此外如能力、素质、态度倾向和趋势则是一种潜在的心理能。他认为所有这些能分配在一个机体身上组成一个系统，它表露于外也受外界影响而发生相互作用，例如饮食影响身体和心理，而精神活动产生的身体运动也影响外界。

但是心理能又是自成系统的，它按自己的规律活动。这种规律也服从物理学、力学上的两个原则。

1. **等量原则**。即一部分能量消耗多了，另一部分就少消耗。在心理能上，某人这方面兴趣强，花费的精力大，在其他方面就兴趣少，花费的精力不多。
2. **熵原则**。热总是向不热的地方传导，心理上的能量大、兴趣浓，这种兴趣也能向相类似的事物转移，使心理趋向平衡。可见，这两条原则完全是一种类比，并不是从心理和物理的内在联系得出来的结论。

■ **集体无意识学说**

这是荣格的独创。荣格认为，个体无意识是小部分。无意识中的大部分是集体无意识。集体无意识来源于遗传，包含有两种作用：一是维护个体生存和种族繁殖，它有营养和生殖作用，称之为营养本能和性本能。他还认为性本能中包括雌雄两性，同一动物身上兼而有之。男性中带有女性激动性的征候，他叫作阿尼玛；女性中带有男性特征叫作阿尼姆斯，都是遗传的。他说，如果男女双方没有一些异性特征，那么男女之间就不能彼此了解。如果这两性的特征发展不平衡则变态。另外，人类中也有从祖先遗传下来的兽性、野蛮性，他称之为阴影（或影子）。祖先除了遗传下能力特征外，还遗传下他叫作“思想原型”和“原始印象”。这种思想原型或印象不是观念而是观念的萌芽。例如数学公理、逻辑定理、艺术形象等。人是无须个体经验而从“原型”的直觉认识的。物理学家梅耶一次在船上，忽然“灵光”一现，悟出了能量不灭的道理。这种道理就是古代人思想中的灵魂不灭、轮回转生来的。人人的无意识中都有这种原始印象，唯独梅耶直觉地认识到，这是境遇巧合涌到意识中来的。所以科学家、思想家、艺术家的发明创作都是由原型的直觉发展起来。显然这是柏拉图理论的现代版本。

■ **类型学说**

荣格的类型学说，就是根据集体无意识遗传学说引申出来的。他把人的类型分为性格类型和思维类型两大类。性格类型来源于本能。由于人人都有一般生命力，它分化出个体生存本能和性生殖本能，并在个体内得到平衡发展。这两种本能在人身上表现为求权意志和性爱冲动。有求权意志的人，精神集中在自己，其性格为内向型。内向的人好思想，爱恬静，多愁善感，多畏缩怕事，不好社交，深居简出。外向的人好活动，易受感情支配，乐观开朗，遇事勇往直前，长于社交，却易受外界事物的暗示和操纵。此外还有两种倾向都有，他叫作两面型的人。荣格还认为，人的性格类型既表现在无意识中，也表现在意识中，由于平衡规律，凡在意识中外向的，则在无意识中内向。反之亦然。

除了性格类型外，荣格还按遗传的思想原型和原始印象，把人类的思维类型分为四种，再和性格类型相搭配就出现八种类型。

1. **外向型**：①思维外向型，表现为注重客观条件，相信一般公式，压抑自己的情感。大凡自然科学家、政治家、经济学家和工程师等都属这类。他们重理智轻情感。②感情外向型，表现为对具体事物做出评价时，以自己当时的情感决定迎拒。文学家和艺术家属此类型。③感觉外向型，表现为凭感觉印象评估现实事物，考虑得少，以随波逐流应付现实，常常得意扬扬。④直觉外向型，表现为主观态度占优势，因而一方面对新事物、新观念易接受，前途在望；另一方面却又瞻前顾后，易悲观失望。
2. **内向型**：①思维内向型，不关心外界，从内心思索，多注意自己的观念，情感冷淡，偏执独断，甚至神秘易为人误会。②情感内向型，情感上沉着、晦暗，使人感到高深莫测，有些神秘，易为人误会为冷酷无情的人。③感觉内向型，和事物保持一定距离，用自己的感受去理解事物。④直觉内向型，脱离实际，不关心外界事物，从想象中过内心生活，往往多空想，不可思议。

荣格还根据以上的类型来确定科学家和艺术家，理性型和非理性型，从而发展起一种类型学，对后世颇有影响。现在类型学已成为心理学中的一个分支，荣格是起了推动作用的。

第六节

超越自卑：阿德勒的个体心理学

阿德勒的个体心理学，不以性欲为精神生活的原动力，不那么神秘，比弗洛伊德的思想更接近现实。

阿德勒（Adler, 1870—1937），维也纳人。1895年在维也纳大学取得医学博士学位。从1902年开始参加弗洛伊德的每周讨论会，从此追随弗洛伊德。1911年被弗洛伊德开除。原来，1907年阿德勒出版《器官卑劣和它的心理补偿的研究》一书，已表示不同意弗洛伊德关于梦的解释和心理失调是性创伤的理论。1912年在《精神病的组成》中阿德勒把他的体系定名为“个体心理学”。同年他还创办了这个学派的机关报《个体心理学杂志》。1921年他在维也纳教育研究所担任讲师，创办了第一个儿童指导诊所。1926年他到美国哥伦比亚大学作讲演，1935年迁居美国。1937年因讲学旅途劳累，死于苏格兰。

阿德勒的个体心理学，不以性欲为精神生活的原动力，不那么神秘，比弗洛伊德的思想更接近现实。他和弗洛伊德思想上的差异并不是本质上的差异，只是在若干具体问题解说上有所不同。

一、阿德勒和弗洛伊德思想上的异同

在精神生活的原动力上，阿德勒采纳了尼采的“权力意志”概念，认为人生目的在于求得至高无上的权力。人们处处向上就是为了求得优势。人生最基本、最强烈的就是这种优势冲动，处处总想自己最好。有时，他把这种冲动叫作好胜性、自身冲动或求权意志，用来反对性欲冲动。弗洛伊德说这是阿德勒夸大了权力冲动。

在动力机制上，他们都承认存在着内部冲突，弗洛伊德用无意识的各种伪装，发泄被压抑的原始冲动来解决冲突，阿德勒则认为，原始冲动在于发展人的求胜力量。但是每个人生下来并不是完整无缺的，如儿童不能独立生活需要克服。这种由原始的缺点和好胜心形成的矛盾可以由“补偿作用”来解决。他认为补偿作用既有生理的，也有心理的，是人发展中的动力机制。例如希腊演说家德谟尼斯少年时口吃，后来他每天对着大海讲话，克服了口吃的缺陷，竟然成为一位著名的大演说家。拿破仑原来有癫痫病，后来在事业上得到发展。贝多芬和莫扎特这两位音乐家的耳朵都是有毛病的。在日常生活中也经常看到，身体不好的人就努力锻炼，或者在功课和其他方面很好。所以他说，个体心理学不重视矛盾的冲突，而重视补偿作用。

在无意识问题上，弗洛伊德把无意识和意识看作对立的，阿德勒认为它们并不对立，只是以不同的方式达到同一目的的手段，意识和无意识是统一体的两个方面。这同弗洛伊德强调内部冲突是有一些不同的。

二、阿德勒个体心理学的特点

■ 人格的统一说

阿德勒把意识和无意识看作统一体的两方面。这个统一体指的是一个具体的完全的人。他认为一个理想的完人不仅在身体上，而且在人格上也是统一、完全的。他批评过去的心理学家把各种心理活动割裂开来，把每种心理过程看作一种实体，就犹如一个音乐家只研究个别音符，不研究歌曲的旋律。其实，人的每种心理活动都只是人格总体的不同表现，要了解和研究每一心理活动都必须先了解人格的总体，所以他提出个体心理学的任务是掌握人格的全部知识，从而了解个别活动。

阿德勒认为统一的人格，表现在人对各种事物的基本态度上。他认为人格包含以下三个方面：

1. 个人的社会态度；

2. 在社会分工中想做的那部分工作；

3. 对两性关系的态度。

每个人由这三方面形成不同的基本态度，是由他的人生目标决定的。人总是向上求成功、求胜利达到目的，人生来就如此。但人生来就有缺点，努力的目标就是弥补这种缺点。由于成人和男人被看作比儿童和妇女强，于是儿童总想当成人，妇女总想成男人。犹如步行的羡慕骑驴的，骑驴的羡慕坐车的。每一个人的态度就是由这样的种种具体情况所确定的目标决定的。因此，了解目标是了解态度、治疗疾病和进行教育所不可缺少的。他还特别注意早期记忆。他说："第一次的记忆将表明个人生活的基本观点，表明他第一次满意的生活态度。"

■ **生活方式说**

他认为，每个人从小（2—5岁）就开始形成特殊的生活方式。他把个人伴随其家庭和社会的经验模制出来的习惯、态度、行动、社会兴趣和情感都包含在生活方式概念内，生活方式就是每个人人格的创造活动形式。儿童时代的生活方式他叫作"原型"。例如，儿童不能独立，是在父母照顾抚养的关系下产生原型的，长大一些和兄弟姐妹相处使原型得到发展。任何生活方式都有一个核心，这个核心就是生活目标。生活方式是从儿童开始到成人渐形发展固定的。这样，生活目标成为生活方式的一切表现中心。其最终目的在于克服缺点求得成功。这就是人的精神生活和人格发展的动力。虽然，阿德勒力图把心理动力即动机放在社会的生活方式中来考虑，但他认为这种动力在儿童时代开始时由于社会活动少，动力也小些，而且有遗传的成分成为确定个人生活目标的原因。可见，阿德勒的动机就是达到生活目标的动力。

阿德勒认为，人的缺陷有：

1. 身体生理上的缺陷。
2. 家庭的溺爱或者放任或者歧视、憎恶，即除了遗传缺陷外，还有环境教育方面的缺陷。

儿童为了弥补这些缺陷就形成他特殊的生活方式，并表现在社会兴趣、情感等方面。例如由于父母溺爱被纵坏了的儿童，往往和别人形成不正确的关系，事事要别人服从他；在社会性情感上也变坏了，爱发脾气等。为了克服这些缺点，就需要用各种方式来弥补。从此出发，阿德勒十分注意教育，希望通过教育使儿童正确对待自己的缺点和发展自己的要求。成人要纠正缺点则必须先了解其生活方式，如通过对过去生活的回忆，或分析梦了解他的动作、记忆等生活方式中的缺陷，然后进行合适的补偿。

■ 补偿作用

这是荣格提到过的概念。阿德勒的补偿就是克服缺点的作用。这是由于他发现有些缺点不能直接克服只能采取迂回的办法来补偿。例如天生器官上有缺陷，无法复明的盲人，往往无意识地用触觉来补偿因眼盲造成的生活上的困难。有些缺陷则可以有意识地补偿，如通过自己不懈的努力。上面说到过的演说家和音乐家都是有意识地努力不懈的结果。阿德勒认为，这种补偿作用运用得正确与否，能决定人格是否正常发展。精神病患者就是儿童的行为趋向不正确的补偿作用发展起来的。

前面说过，在阿德勒看来，凡人有向上好胜做一个完人的要求，但由于有缺点，就会产生“自卑感”也即商纳说的缺陷感。因此，一个人往往形成“两极性”情感，即自卑感越重，自我意识越强；自我意识越强，自卑感越重，越不易接近。富于缺陷感的儿童，往往缺陷感越大，越敏感，寻找补偿也越迫切，这就是孱弱的儿童往往表现出比健全的儿童更好胜的原因。精神病患者就是由于目标假设得过高，一时难以达到，无意识地用患病来逃避目标的一种手段。

阿德勒认为，很多精神病都起因于儿童期，这个责任在于父母。由于父母不是对子女娇生惯养失之过宽，就是失之过严。过严过高的要求，孩子往往因达不到目标逐渐悲观失望，最后无意识地患起精神病来逃避。失之过宽，使子女妄自尊大，甚至蛮横霸道，这样的儿童一离开家庭进入社会，就处处感到不如意、受委屈，也无意识地最后患上精神病以逃避生活目标。因此，阿德勒得出结论说：预防重于治疗。这是正确的。

阿德勒把自己的个体心理学，着眼于研究个人的主观目的上，着重于对个人生活方式或者说个人的心理经验史的研究。这比弗洛伊德和荣格的理论更接近现实而不那么神秘。阿德勒也比较重视儿童时期的教育，这和弗洛伊德重视儿童早期经验的原因分析是不同的。他的整个心理学倾向于社会心理学，因而对以后的新精神分析影响很大。然而他的弊端在于追求个人突出，追随尼采的超人哲学和叔本华的唯意志论。

第七节

新精神分析

一般地把精神分析学派分为两大阶段，弗洛伊德和荣格、阿德勒属前期的正统派，到了20世纪40年代在美国出现了新派别。

精神分析新旧派别区分的标准有二：一是年代，二是基本观点。旧派强调生物学因素为人类精神生活的基础，新派则着重从社会的精神文化考虑。其实，我们已知道，正统派中并不全是正统，真正属于正统的只是精神分析创始人弗洛伊德。像荣格（1912）和阿德勒（1917）早已分裂出来，而阿德勒已强调儿童的早期生活经验，强调教育即强调社会因素决定人类精神生活和人格形成的重要性了。

第一次世界大战前后已有一些如德奥等欧洲国家的心理学家去美国。德国纳粹执政迫害犹太人和知识分子，德奥的心理学家中去美国的人更多，像阿德勒 1935 年就定居美国了。美国的新精神分析正是在阿德勒的影响下发展起来的。当然还有其他因素，其中最重要的是和人们经历了两次世界大战，目睹破碎的河山、惨重的残杀，对战后建设茫然，而失去了安全感的思想情绪有关。强调以精神文化为人类精神生活基础的新精神分析学派，实际上就是当时社会人们的思想情绪在精神病人和心理学中的反映。可以说阿德勒的个体心理学在这方面发挥了过渡的作用。下面我们选择三位代表人物做些简单的介绍。

一、霍妮——人是社会的

霍妮（Horney, 1885—1952），出生于德国汉堡，1913 年于柏林大学取得医学博士学位。后来霍妮得到弗洛伊德一位亲密朋友的精神分析训练。1920—1930 年，霍妮在柏林精神分析研究所工作。1932 年去美国芝加哥大学精神分析研究所任副所长。1934 年除在纽约进行私人医疗外，还为社会研究的新学院教课。在 1952 年逝世前，她一直担任着所长的工作。生前著有《我们时代的神经症人格》(1937)，这部著作标志着她和弗洛伊德的正统派已有所不同。以后霍妮又发表了《自我分析》(1942)、《我们的内部冲动》(1945)、《神经症与人的成长》(1950) 等专著。

霍妮原来是弗洛伊德的信徒，到美国后才开始改变观点。她认为弗洛伊德过于强调生物本能、死亡本能和俄狄浦斯情结。她尤其反对力比多学说的精神决定论或者按性本能的能量来解释人格以及把人类的关系归结为两性关系。她认为，人固然有先天的遗传因素，但从本质上看，人是社会的，不是生物的。霍妮最厌恶弗洛伊德对女性自卑感的原因分析，她指出妇女在生理上的差异，不是妇女自卑感产生的原因，而是由于妇女缺乏自信过于重情感的结果。她还认为像超我等概念完全是杜撰。

霍妮认为人的基本要求是社会安全。人在社会上生存要求精神上不受威胁，而完全依赖双亲的儿童体验到父母对他们有敌意才产生基本焦虑。人的基本焦虑就是儿童期失去了爱和尊敬引起的。她认为，焦虑、神经症的来源以精神文化为基础，是社会环境中人与人之间关系造成的。她说："我第一次看到了在人类关系中神经症的根本原因。概括地说，是精神文化条件带来的。尤其是环境的因素阻止了儿童心理的顺利成长，代替自我信任和信任他人的是儿童形成了基本焦虑。我把焦虑定义为对世界潜在地存在着敌意和孤立无援之感。为了使这种基本焦虑经常处在最小限度，人们被迫地接近、反对和离开他人。当被迫地做出行动时，人们彼此之间又被迫地发生冲突。以这种方式引起的冲突，我称之为基本冲突。因此，基本冲突是对于其他人的需要和态度之间冲突的结果。”她认为神经症是一个人的自我和他人关系的失调，个人理想化的自我放弃了真我，使自身和真我和他人分离。生活在变态的西方文明社会条件下，精神病倒被看作正常状态。那么，我们可以做些什么？她说去革新社会，或者进行自我分析。利用自我分析通过有希望的人际关系和通过自己内部的应变能力重建人格。霍妮认为，在心理成长中，真我的形成需要温暖和热忱的人际关系。为此人为了应付环境加强安全，重建自我的人格，除了基本要求之外，还要有以下一系列的需要：

1. 需要别人的善意和赞同。
2. 需要有个能照顾生活的伴侣。
3. 需要把自己的生活局限在狭小范围中。
4. 需要权力。
5. 需要利用别人。
6. 需要威信。
7. 需要人赞扬。
8. 追求个人成功的野心。
9. 要求自足和独立。
10. 要求完美无瑕。

她把这十种需要归纳成三类人际的关系：

1. 和别人接近的关系。
2. 和别人分离。
3. 反对别人的统治。

她认为，一个心理上健全的人，在个人和社会的关系中要协调得好，否则就容易患神经症。因此她把 10 种需要称为神经症性的需要。

如果要避免患神经症，那么在儿童时代就要使他了解如何协调个人与别人、与社会之间的关系。

由此可见，霍妮已经触及资本主义社会内部一些不可克服的矛盾，只是她把这些矛盾局限于家庭和人际之间，掩盖了引起矛盾的真实原因，这是精神分析的通病。

二、弗罗姆——在社会活动中完善

弗罗姆（Fromm, 1900—1980）出生在德国的法兰克福。青年时学心理学和社会学，1922 年在海德堡大学取得博士学位。他同霍妮一样在柏林精神分析研究所学习过。1933 年迁居美国，1934—1941 年在哥伦比亚大学，后来在其他大学任教，1952 年任教授，1962 年为哥伦比亚大学指派任精神病学教授。此外他还私人开业治疗精神病人。1980 年死于瑞士。

弗罗姆原来也是个正统的精神分析家，像霍妮一样也是到美国后对弗洛伊德的性学说不满而改变观点的。其中大概受了阿德勒的影响，把社会本能作为人的基本冲动。他在美国发表的著作有《从自由中逃亡》(1940)、《为自己的人》(1947)、《精神健全的社会》(1955)。

弗罗姆认为弗洛伊德没有看到人类心理中的社会因素，而他认为人是社会成员，必须要求在人和人之间应有一定联系，和人共同生活发生关系。他批评正统派把人看成和动物一样强调动物本能，而人的本能有社会的性质。另外，人又往往脱离自然和其他人的关系。儿童长到一定时期要离开父母和家庭，因而产生寂寞之感，这成为一个人的主要状态。因此，在一定社会条件下生存的人，就会产生各种条件下的特殊需要，这些需要是和性格有关的。人不像动物，有比动物的本能需要有更多的需要。他认为下面五种需要是人类独有的。

1. 建立关系。

2. 超过别人。

3. 扎稳根基。

4. 共同一体。

5. 定向即对社会事物的一定看法或生活定向。

弗罗姆认为，这些需要是通过人类的进化过程深入到人的本质中来的，因而这些需要是人生来的本性。在他看来人的本质就是“个性化”。而且人得到的自由越多，就越个体化。但是个体化的合理后果是在人身上产生一种孤独感和一种无足轻重、微不足道之感。所有这些都是进化的结果，是社会进化过程中心理因素和社会因素相互关系的后果。中世纪社会交通不便、工业不发达、阶级关系固定，人很少有机会从一种社会阶层转到另一阶层，甚至在地理上从一个城市迁移到另一城市或乡村也难。一个人在这样的社会条件下既不自由，也不寂寞孤独。他说：“在中世纪社会里，个人还不存在……对于作为某些独立本质的个人的‘自我’，其他人和外部世界也还没有得到充分发展。”以后随着工业、市场的发达，某些强大的超人力量开始对人产生威胁，每个人都成为他的竞争者，把同别人的关系变成冷酷和敌对的了。于是新的自由和犹豫、软弱、孤寂和恐怖的情绪同时产生。到了垄断资本阶段，软弱和绝望之感竟代替了主动性中的坚定信心和勇敢行为。于是，人们由于忍受不了这种随自由而来的孤独寂寞之感而患上精神病。原来企求自由，如今则要从自由中逃亡。

按弗罗姆的说法，从自由中逃亡摆脱孤寂的办法有几种，最好的是对病人进行人道主义的精神分析。当然这种精神分析又回到无意识的作用那一套体系中去。可见，弗罗姆和霍妮一样仍未脱离弗洛伊德的基本轨道，反而企图用一些西方社会学中通用的词句来掩盖精神分析的唯心实质。而且他从病态社会产生精神病得出的结论，不是正视资本主义社会的实质，却要人超脱社会做精神治疗。这就不仅自欺，而且是欺人惑众了。

三、沙利文

沙利文（Sullivan, 1892—1949），美国人，一位精神病医生。他把欧洲的精神分析理论和美国的人格动力概念糅合起来，使心理学、人格和心理失调扩充到社会心理学领域，在美国精神病学家中达到高潮。按沙利文说来，精神病学和社会心理学是等同的。精神病学不是科学，不是艺术，而是一种混乱的说法。他说，事实上这是对现存的精神病学专家的偏见。

1917 年，沙利文在芝加哥医学院获得医学博士学位。他像霍妮一样强调焦虑在行为失调中的作用，但主张焦虑是通过“神入”或者情绪交流从母亲传递给孩子的。精神病人的失调是人际现象。他着重研究人与人之间的关系，创立了一种“人际论”，或叫“自我一体系的精神动力论”，讨论正常人的人格发展。现分几点简介于下。

■ 人是生物—社会的存在物

在研究对象和方法上，沙利文认为，人是生物—社会的存在物，人类有机体和环境的相互作用是人格发展的中心因素。有机体在有目的的活动形式中表现出它是一个生理—化学过程的自我—永存的结构。但是人类环境主要是社会的，人经验到的人际关系在模式化的人格中是最活跃的因素。所以，不论人还是人格，都是受生物性和环境两者之间相互作用的结果，由于这两套因素支持着精神动力的平衡，既经常变化却又维持着永久的平衡。他的心理学就是以此为研究对象的。在方法上，沙利文也应用自由联想。所不同的是他认为在应用自由联想时，医生应该是一个较积极的参加者。

■ 精神动力论和动机学说

沙利文认为，人的主要动机是逃避焦虑和寻求安全。焦虑产生于紧张，解除紧张则获得安全。但是紧张是由两个来源产生的，即生理—化学的和人际关系的。生化的紧张是生物学上的需要，如饿、渴、性欲和排泄，它们的目标就是身体上的满足。这些目标虽然是生化的，但在为了满足目标，寻找反应的方式上却是学会的。例如，幼儿吸奶或吸奶瓶解除了生化的张力，同时他也学会了吸拇指、玩嘴唇取得愉快。

人际的紧张由焦虑和不安全感造成，它们的目标是获得安全。这种焦虑是通过社会接触产生，不是生物学的。应该指出，这是沙利文学派和弗洛伊德学派之间的差异。因为后者坚持焦虑是性欲引起的。沙利文则认为，即使由生化紧张引起的焦虑也不纯粹是生物学的，因为人类的大多数动机是生物的和社会的两种刺激的结合对个人的影响。在一定时期这种结合形成了一种特殊结构，并以一种特殊方式排除结构中的能量，以解除紧张，获得安全。这就是沙利文所说的精神动力论，也是他的一种动机学说。

不过沙利文毕竟是个精神分析者，他的学说里必然包含弗洛伊德的基本观点。沙利文指出，他的精神动力学不仅包括了动机，而且包括目标和赖以达到目标的行为，因而他的动力论结合弗洛伊德的性心理行为阶段，分为口唇精神动力论、肛门精神动力论、性欲精神动力论和自我精神动力论。每个时期的动力论阶段和弗洛伊德划分的性发展阶段相同，只是按沙利文本人的观点来加以说明，这就是他的人格发展学说。

■ 人格发展学说

上面说过，沙利文强调人格的生物—社会性质，而社会环境中人际关系的要求决定着人格发展的阶段性。

婴儿期。沙利文认为，新生儿完全依赖他母亲和母亲的代替者。当婴儿发现自己依靠母亲照顾时，他不仅体验到生理上的依靠，而且体验到依靠母亲表现出来的体贴。这时婴儿还无自我意识，这些体验都是无意的。通过母亲的情绪“神入”传递到儿童，体验到母亲对他的照顾和爱，发现母亲的紧张和焦虑。这就成为儿童许多动机中的第一个动机。通过“神入”，儿童学会焦虑和在最初生活斗争中从事获得安全和避免焦虑的手段，如啼哭。虽然，沙利文对“神入”并未做具体解释，但他断定在出生后的五六个月内的幼儿是由神入和成人交流情绪状态的。因而有人说这是一种第六感觉，但是经过他的学生研究并未得到证实。

儿童期。出生第一年末到18个月。儿童已形成移动和说话的能力，他开始使用这些能力解决问题，在相互作用中获得父母的帮助。新形成的手段已使他能够发现逃避焦虑的其他手段，如同化精神文化中的某些规则作为自己对行为的评价，逃避惩罚，用不赞同和拒绝来加强他的安全感。正是用这种方法，儿童改变自己的动作，以适应社会要求，这就表现出他开始有了安全操作。

少年期。通常年龄在五六岁上下的儿童，已有长时间和同伙在一起体会社会经验的机会。在这时期内，儿童已经形成一些逃避焦虑的习惯模式。这是形成个人同一性的核心。在这时儿童出现了“自我”概念，开始发展起检查自己行为和批判地估计它的能力。以前成人的道德见解，现在变成和他自己评价个人发生关系。这个过程如同弗洛伊德的超我形成过程。沙利文发现，这个时期的儿童是保守的，他形成了一些刻板的行为和态度。例如六七岁的儿童，只要学会游戏中的规则，他就严格执行固守不变。因此，表现出这个年龄的儿童偏爱他所熟悉的活动而拒绝新经验。但是，他对父母的看法比以前现实，不把父母看成万能的人物，表现出比以前少受父母控制，对他们的要求也比以前减少了。

前青春期。在该时期的儿童，第一次能成为在和别人相爱关系中的参加者。他开始和同伴建立起亲密的友谊，对某些个人比对自己更多的关心。不过，在这时期的早年还不可能出现平等、合作的关系。

青春期。这个时期的最后阶段开始出现两性关系，伴随着性冲动的感觉、情绪和动作是性精神动力论的基质。他认为，青春期是人类精神文化中一个特别充满紧张的时期，这是因为社会上存在着直接对性满足的种种戒律，难以得到关于这些新形成的潜力知识的机会。因为在部分的成人中一般都吞吞吐吐谈论和讨厌这些话题。但是，尽管社会不容忍它的需要，儿童的整个未来却依赖他掌握这些冲动的能力，除非他能使自己的性冲动和一些真实的爱情关系结成整体。那么，他就好像成了一个永久的青少年，因为他无法和较成熟水平的人们接触。如果他不能够把性的和其他人际的关系整合起来，那么无论是性的，还是社会的接触都不能满意，而结果通常是精神失调。

最后，沙利文认为，在每个阶段自我是整个发展过程的中心。由个人的自我概念组成的态度、情感和评价反映了各种成熟的经验。反过来，这些经验又决定着进一步成熟的可能。他认为，自我概念最初出现在婴儿期，例如“我”是什么和不是什么之间当时含糊未分化。以后，关于“我”的较细节的观念如“好我”“坏我”“大我”等是逐渐得到的。这些“我”是儿童世界中对有意义的个人态度的反映。借助于自我态度采用社会同意的动作而避免社会不同意的动作，使每次努力维持“好我”。如果儿童估计环境时引起焦虑，这种自我焦虑或许是社会作用的最大力量之一，它成为许多新的动机和习惯的基础。人格发展的每一阶段都是在前一阶段的基础上成长起来的，这就形成了沙利文的自我体系的精神动力学。

以上是沙利文人格心理学的简述，他的学说虽然比以前的精神分析家更努力接近社会现实，但仍未完全脱离它的神秘性如“神入”概念，企图把精神分析和动力概念结合起来等。不过，他从人际的关系角度出发，而不像弗洛伊德那样把人格的发展动力归结为性本能，从而强调了人格的社会关系成分，这又为社会心理学找到理论前提，削弱了心理学的生物学属性。但是，他的人际关系完全是建立在单个人之间的关系上，因而是背离具体的社会历史现实的。

本章小结

这一章从弗洛伊德精神分析的历史背景、思想来源及其形成说起，对沙利文等精神分析学派六位代表人物的基本观点做了简介。我们见证了一个被讥为江湖骗术的精神病治疗方法是怎样发展成一个大学派的运动。在整个概述过程中我们指出它发现了一些有价值的事实和研究方法，为开辟新的心理学领域是有贡献的。例如关于儿童早期经验的重要性，儿童的人格发展阶段划分，人格结构的动力学和类型学等。同时我们也看到在阐明这些事实联系所用来说明的理论始终具有神秘的性质。

另外，在全章叙述过程中我们还发现，越往后期精神分析的成分越带有格式塔尤其是勒温场论的思想成分，以后我们还会看到这些成分又渗透进行为主义学派。这正说明“分久必合”“殊途同归”各学派之间的思想正在逐渐融合。

最后，我们看到资本主义社会人和人之间的冲突，在这个学派所发现的种种事实及其理论中情不自禁地反映了出来。精神分析之所以在那些国家兴旺发达，正如本章开头所述，既有学派创始者的深远的思想根源，但更重要的还在于有其深刻的社会原因。因为把人的一切行为归结为无意识的本能冲动，恰恰是西方心理学机能主义阶段的思想主流，它既符合现代西方心理学的发展规律，也符合不合理的资本主义社会制度在人们精神生活上的反映，而这些反映是需要为之做出解释的。以弗洛伊德为创始人的这个精神分析大家族，不管它的成员如何复杂，它的学说如何演变，万变不离其宗，它的思想总倾向于是为资本主义社会一些不合理制度做辩护的。

SECTION 8 第八章

The New Behaviorism
新行为主义

我们把新行为主义和早期行为主义分开作为单独一章放在格式塔心理学和精神分析学派之后，是由于时间顺序，尤其是照顾到一些历史事件对心理学发展的影响。现在先做出解释，然后分别介绍新行为主义的代表就易于理解了。

第一节

新行为主义的历史条件

第一次世界大战以后，尤其是30年代欧洲的大批知识分子外流定居美国，这对三大学派的思想交流和互相吸收融合创造了有利条件，也为新行为主义的产生准备了社会舆论和思想基础。

在这过程中有必要补述两件史实。

第一，早在1918年伍德沃茨已提出S—O—R的公式，纠正华生的S—R公式。当时伍德沃茨自称是个“中道”者，未形成自己的学派。这就是他的《动的心理学》(1918，有中译本)。1937年他在《美国心理学杂志》发表《情境—目标—定势》，1958年出版《动力心理学》。

伍德沃茨的动力心理学属于美国机能主义的一种倾向，认为“心理”应该是一个动词，是一种活动。心理学应该研究整个人的全部活动，不只是研究意识或者行为，只研究意识是片面的，只研究行为不研究个人的主观经验及其同行为的联系就不是心理学。他认为人的活动有两方面：一是驱力，二是机制。例如饥饿是驱力，求食过程是机制。驱力发动机制，得到发展的机制就成为驱力。他说，任何机制一产生，就能成为它自己的驱力，并且使驱力和其他机制联系。他不同意麦独孤等把行为驱力仅限于本能，在他看来，许多机制也能直接引起行为。

伍德沃茨曾提出一种行为的原始动机学说。他认为有机体和环境之间存在着的关系中，除了对接收到的刺激做出肌肉反应外，有机体还用刺激作为指示器，肌肉作为适应性的运动。因而接受和趋向环境的倾向是动物和人类行为的基本倾向，是一切行为普遍的原始动机。由于有目的的行为是有目标方向的，致使有机体采用直接对着目的物的手段，避免没有任何目的或目标的偶然行动。这种情境—目标—定势意味着“预备的定势”或“预先调节”。预备定势的意思是指一个能够预期调节的有机体，比得上一台拨到个人规定醒来时间的闹钟。预先调节的意思是对将发生的事的适应。预备定势是对那个还未达到而要接受的刺激的准备状态或者是使环境做出准备的状态。为此伍德沃茨认为，在刺激和反应之间要插入有机体的活动过程，它的公式是“S—O—R”即R=f（S · O)。这就是说，一个有机体(O)不只是对一个刺激反应，它是对它的周围环境的适应。伍德沃茨的这些思想虽然出自美国的机能主义，但也受到屈尔佩领导下的符兹堡学派提出的如定势概念的思想影响。伍德沃茨用定势或定向来处理动机的问题对新行为主义的产生是有影响的。

第二，1927年哈佛大学物理学家布里奇曼（Bridgman）出版《现代物理学的逻辑》。他在这本书里提出物理概念必须用更精确的和更成熟的术语来确定。例如，我们发现一种物体的长度，就必须完成某些物理操作。因此，长度的概念是由测量固定的长度操作确定的。这个概念（长度）就是相应的一套操作的同义语。

20世纪30年代哈佛的心理学家史蒂文斯（Stevens, 1906—1973)和波林等把操作概念引进心理学。他们企图把心理量变成实验操作的物理量。史蒂文斯认为，操作主义对处理心理学概念提供了一种精密形式。实际上这是从实证主义观点对科学研究的“客观方法”提出一种标准和原则，而这些原则正是美国行为主义一向追求的。新行为主义比早期行为主义之所以新的特点，即承认伍德沃茨提出的S—O—R公式，又坚持行为主义否认意识的本意；吸收各学派的思想，把问题集中于动机和认识机制的研究上；力图用数学图解和公式使心理学的研究客观化。托尔曼的目的行为主义理论可算得上这样一个典型代表。

第二节

大脑有地图：托尔曼的目的行为主义

托尔曼（Tolman, 1886—1959）原是一位华生式的早期行为主义者，后来才成为一个新行为主义者的。

青年时，托尔曼原初在麻省理工学院攻读工程学，后来转到哈佛大学学心理学，在霍尔特的指导下于 1915 年取得哲学博士学位。霍尔特是直接继承詹姆斯的，所以詹姆斯的机能心理学思想和霍尔特的行为主义观点对托尔曼都有很深的影响。托尔曼在霍尔特指导下做论文研究时，还受到霍尔特学自冯特—铁钦纳内省心理学的传统训练和影响。他还受麦独孤策动心理学和伍德沃茨动力心理学以及勒温场论的影响。他既不同意铁钦纳的构造主义，也不完全赞同华生的行为主义。他采取了对各学派思想兼容并包的态度。1918 年托尔曼出任美国加利福尼亚大学比较心理学教授，指导以白鼠为被试的动物学习实验室工作。1932 年他出版《动物和人的目的性行为》，自称是个“目的行为主义者”。他还著有《导向战争的内驱力》(1942) 和《心理学论文集》(1951)。

在华生的行为主义看来，有目的的行为，就是有意识的行为。这是违背行为主义原意的。托尔曼则说，我不管有机体有没有意识，动物和人的行为动作总是有目的性，这是客观可见的。迷津中的白鼠学会找到食物、猫学会逃出迷笼、人学会音乐，这些行为动作既有强烈的目的气息，也都包含着一种达到目的的手段。它们都是一些外显的反应行为，内部的和从有机体外部不能观察到的任何事情都不包括在内。意识与他的目的行为主义无关。华生把S—R作为行为的基本单位，托尔曼却只注意外显动作。他指出，在这个问题上，华生自己就是自相矛盾的。华生一方面说一切行为都要还原为肌肉和腺体的活动；另一方面在表明他的观点时描述的却是外显行为。例如，华生在确定人的三种基本情绪时，只说到婴儿的运动受到阻止就哭叫，四肢乱踢乱打，并没有去描写内脏过程。这是因为我们观察到的只是外显的整体行为。心理学要了解的正是这个整体行为，不是S—R单位。这样，托尔曼得出了有目的的整体行为这一概念的结论。他还认为动物的目的行为是学会的，是由认知得来，既不是本能，也不是盲目尝试得来的。由此，托尔曼把行为的认知性和目的性作为动物整体行为的两个前提，形成包括行为模式、中介变量和学习理论等在内的目的行为主义体系。现分别简介于下。

一、整体行为的模式

托尔曼把他研究的外显行为叫作整体的行为，以与华生的细微的行为区分开。他认为这样的任何行为动作都包括环境的刺激、心理过程和反应。心理过程是最终原因和最后动作的中介，它是行为的决定者，它把刺激和动作客观地结合起来。托尔曼认为，最有意义的心理决定者是目的和认知。如果把环境刺激比作枪支上的触发器，那么目的和认知的内在心理过程就是真正爆发弹壳的引信。一个整体的行为动作就是一连串因果事件链条的结果。他还认为作为心理过程的决定者，又包含许多可变的因素叫作中介变量。因此，由刺激、中介变量和反应动作组成的整体行为，就是整体行为的模式。他指出这样的行为模式有以下四个特征：

1．指向一定目的。

2．具有认知特征。

3．这种认知性具体表现在托尔曼称之为选择的最小努力原则上，意思是凡是距离近而易达到目的的活动比远而难以达到目的的活动占优势。

4. 整体行为是学会的因而也是可以管教的，具有可受教育的特征。

二、中介变量

前面说过，托尔曼在环境和反应之间插入了中介的心理过程，而这个过程又是反应动作的决定者，也就是承认了伍德沃茨的 S—O—R 公式。但是这个中介的心理过程“O”作何解释才符合行为主义客观化和数量化的要求呢？这是他提出“中介变量”的原因。

托尔曼中介变量概念的形成和发展经历了两个时期。最初，1937 年他作为美国心理学会年会主席发表的演说中提出环境变量和个体差异变量两个概念。环境变量包括供应食物的时间、合适的目的物、提供刺激物的模式等。个体差异变量包括遗传、年龄、以前的训练等。有时他把这两种变量统称为独立变量。并有五个因素，即环境的刺激 (S)、生理上的驱力 (D)、遗传 (H)、以前的训练 (T) 和年龄 (A)。由于它们是可以各自独立地、可控制地进行实验的，托尔曼又称之为实验变量。行为就是这些实验（独立）变量的函数。写成公式：行为变量 B=fx（S · D · H · T · A）。意思是行为变量因独立（实验）变量改变而改变。中介变量就是实验变量和行为变量之间假定有一系列可由推理得到但不可见的因素，它们是行为的真正决定者。托尔曼认为，这些中介变量是有机体“O”内部在对特定刺激的反应中引起特定反应的继续，其本身是不能观察到的，但可以由独立变量和行为变量两者的关系来表示。例如，饿是个中介变量，是机体内部的状态无法观察到的。但是饿可以由“多长时间没有喂有机体了”“它吃了多少食物”等进食后的时间、一次食物的数量来表示。这样原来不可见的“饿”由于推理变量的确定，既可以数量化又可以通过实验操作客观地得到。

代入公式即成为 B（寻食）=f（x）（每次食后时间和食的数量或时间联系起来）。但是在中介变量上如何能满足它的复杂多变呢？为此 1951 年托尔曼又把原初的两种中介变量改成三种。

原初，托尔曼提出两种中介变量即需求变量和认知变量。前者包括性欲、饥饿和面临危险时的安全需求等。后者包括对客体的知觉、运动技能等，它们是决定行为的知识和能力，要回答是“什么”客体的问题。需求变量作为决定行为的动机，回答“为什么”这样做的问题。显然，以上的提法和伍德沃茨、弗洛伊德的动机学说有联系。

1951 年托尔曼似乎又吸收了勒温场论中的“生活空间”概念，提出行为空间概念，把原来的两种中介变量改为三种，因而名称上也有改动：

1. 把原先的需求变量改称为欲求系统。指的是当时动物的生理剥夺或驱力。
2. 信念—价值动机是指一些表现为对某种目的物的欢乐、紧张以及这些目的物在安全需求中的强度。
3. 行为空间指行为在个体的行为空间中发生。

他认为个体在行为空间中引起的行为，有时由于某些物体的积极诱发力引起趋就行为动作；有时则由于某物的消极诱发力而反感、拒斥或逃避。托尔曼的认知目的理论，就是上述这一整套概念体系组成的。

三、认知—目的理论

托尔曼的认知—目的理论认为，机体的行为动作最初是由内驱力包括饥渴、性欲、安全需要发起，它们指向一定的目的物；在认知过程中通过认知找到了达到目的的手段，形成认知的期待；这些期待又变成为驱力。因而当某一环境中的特殊刺激出现时就诱发出这些驱力，选择达到目的的手段，实现行为动作。其中有的刺激物或目的物会诱发出积极的诱发力，机体就表现出积极的趋就行为；或者相反引出消极的诱发力，引起退避行为的动机等。托尔曼为了说明上述的具体情况，他吸收了其他各派的用语，又提出了许多新概念，如“手段—目的准备性”即动物受到刺激时就产生一种有目的的和达到目的的一定手段的准备。“辨别—期待”即动物在环境中要逐步地分辨与期待。“认知地图”或“认知图谱”即认知了一系列符号及其代表的意义，从而能调整行为达到目标。“符号—格式塔”即认知了情况的格式塔（整体性）等用来解释中介变量的目的性和认知性两大特征。他认为心理学就是研究刺激、情境和中介变量（或中间变项）的关系，以及中介变项和行为结果的关系。例如动机强则行为的趋向强，动机好则趋向好等。伍德沃茨称托尔曼“对所有派别都是虚心袒怀的，甚至在像格式塔心理学和精神分析那样反行为主义的理论中，也找到他所能利用的概念”。“托尔曼似乎承认任何应用客观方法或客观概念的心理学研究，都是‘行为主义’。如果行为主义变成这样的帝国主义，那它就不再是行为主义，而消失于一般的机能心理学之中……”（伍德沃茨著，谢循初译《西方现代心理学派别》）

不过，也有人（舒尔茨和尼尔）说托尔曼的多方面吸收和综合成新理论的体系是新条件下的创造值得鼓励，而且也已有了影响。他们都还举出托尔曼的学习理论为例。

四、学习理论

托尔曼认为，学习就是期待的获得，因而一切动物和人类的行为（向性和简单的反射除外）都是能够通过经验改变的。托尔曼根据勒温的场论，把世界和有机体看作一个心理场，有机体是整个场中的一部分。心理场中的客体具有意义和符号价值，能诱发主体趋就它或者回避它。它们都分布在各种空间时间和因果链中。期待是对一个客体的符号或者意义或者事物之间关系的预测，有时称为“手段—目的期待”。获得期待是以过去经验和类似的场为依据的。托尔曼认为获得期待有几种不同途径，也就有几种不同的学习理论。

托尔曼的学习理论以格式塔场论即整体性为基础，反对桑代克尝试—错误和巴甫洛夫条件反射，即反对重复律、效果律和强化作用。他认为，奖赏或强化在学习中即使起作用，作用也很少。他说，学习的认知理论要建立一种符号格式塔的连续操作。而符号格式塔是通过环境提示和有机体的经验之间相互关系学会的，动物通过这样的学习得到对周围环境的某些认识。

举例来说，饿鼠在迷津中走动，有时走进正确的胡同，有时走进死胡同，最后它们发现食物，然后又继续试验。托尔曼说，这样的老鼠行为是有特定的目标和方向的（注意：与在迷笼中乱咬乱抓的桑代克的猫和坐在作业台上的巴甫洛夫的狗相比较），在每次选择点（指得到食物的地点或碰了钉子的死胡同等）上建立了期待。如果进一步试验，老鼠的期待和选择所提示的食物发生进一步的确定联系。那么它就在迷津中建立了一种符号—格式塔。这个符号—格式塔是和加强的选择点发生联系的。这样老鼠在迷津中的所有选择点就建立起符号—格式塔的完全模式。托尔曼把这种模式叫作“认知图谱”或译作“认知地图”。

托尔曼强调这种“认知图谱”，不是一套运动习惯，而是形成迷津内的广泛“知识”，或者有点熟悉的环境。这些知识就像在大脑中形成一种场的图谱。老鼠的有目的的行为可以在环境场（心理场）中从一点向另一点跑而不受固定的运动系列所限制。

托尔曼是一位“白鼠心理学家”，他进行了50多年的白鼠学习实验，下面举两件事例。

一个典型的实验是叫作“地点学习”和“反应学习”的比较实验。实验目的是要印证究竟是学习一套运动反应好，还是获得认知图谱的效果好。

实验方法是，托尔曼经常用一个十字形迷津。一组白鼠总是在同一地点发现食物，虽然使用的出发点不同。例如，白鼠为了得到食物，有时右转，有时左拐。如［8—1］所示：第一组 S_1、S_2 为出发点。“→”代表白鼠得食路线，F 是食物，这样白鼠的运动反应是不同的。但是食物的地点和位置是同一的。第二组白鼠尽管从出发点的路线是作同一运动反应，但食物是在不同的地点找到的。

实验结果表明：第一组白鼠即“地点学习”者比第二组即“反应学习”者学习得好。托尔曼比喻说，一个人非常熟悉他居住的城镇或邻居，也往往发生同样的情况。他能够通过许多不同的路线从一点走到另一点，因为他已形成了这个区域的认知图谱。

另一个实验，托尔曼称之为潜伏的学习或叫“躲藏”的学习。指的是当时不可能观察到但它总是在学习。一只老鼠被放在迷津里，允许它随便地自由行动，但没有食物在任何地点被它找到。问题是，在这种缺乏强化的情况下白鼠也在学习吗?

实验是在进行了许多无强化的试验之后，老鼠找到食物。托尔曼用这种实验证明，在无强化的情况下，白鼠多次“跑过迷津”之后，它的进步是极快的。这表明在跑迷津时某些学习已经发生。的确，实验证明它的操作非常迅速，它和每次用食物强化的控制组进步速度相等。

以上两类实验都是为强调场的整体认知理论，反对条件反射和试

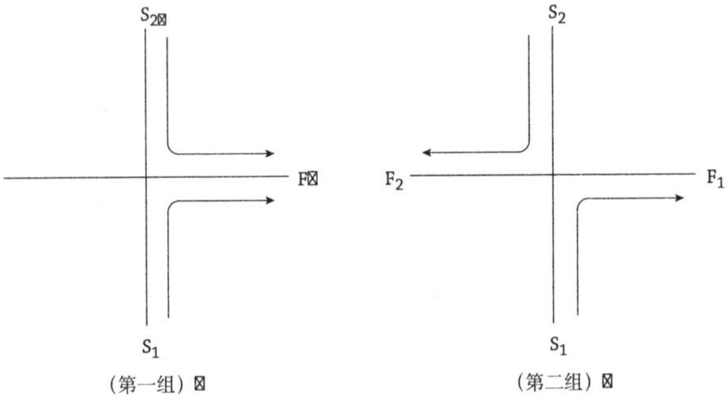

[8-1] 地点学习与反应学习

误学习而设计的，为西方心理学家推崇。不过，由于他引进了格式塔和精神分析的概念而遭到嘲笑和非议。例如波林说："可以看出，托尔曼为老鼠保全了目的，但他又确实保持了行为主义并不再给老鼠以意识；或许老鼠就是有意识的，那也没有关系，它们能够动作，而动作本身是可以有目的的，但仍然是客观的。"（波林著《实验心理学史》，英文版）

第三节

物理学主义者：赫尔

赫尔的假设—演绎行为主义反对华生的S—R公式，同意托尔曼的中介变量和整体行为，反对托尔曼的行为的目的性和认知性，但特别重视需要和驱力。实际上赫尔的行为学是一套假设及其逻辑演绎。

本章第一节说到1927年布里奇曼提出了操作主义概念。差不多与此同时，维也纳的哲学家石里克（Schlick, 1882—1936）也提出逻辑实证论。这个理论认为凡是不能在经验中证实其为真或假的命题，就是无意义的，如主观意识、世界是物质的还是精神的问题。到了30年代欧洲的逻辑实证论传到美国，和美国的实用主义结合起来强调语言的科学性，研究在哪种情况下的命题才是有意义的。为此他们利用操作主义把一切经验还原为可观察的现象和翻译成物理学语言，这就是用现代物理学的表达形式即抽象的数学公式来表达科学理论。在心理学中要求对心理现象的研究归结为活动的描述，这样当然就把行为主义变成为逻辑的行为主义。逻辑的行为主义也就是用物理学主义来研究行为。赫尔的假设—演绎理论就是一个典型。

赫尔（Hull, 1884—1952）一生多病，家庭情况也不太好。到1918年，他（34岁）才在威斯康星大学取得哲学博士学位。他研究过概念形成、统计和测量、暗示和催眠。1927 年赫尔读了巴甫洛夫著作，对条件反射和学习理论发生兴趣。1929 年他担任耶鲁大学教授，开始建立在巴甫洛夫条件作用规律基础上的行为理论。1940 年赫尔和五位同事合写《机械学习的数理—演绎理论：科学方法论研究》。1943 年又出版了《行为原理》。这两本书阐述了他的行为学体系，并使他成为美国心理学界有影响的人物。他的书还经常为人们引证，当然也受到一些批评。和心理学有关的赫尔的著作还有《行为要素》（1951）和《行为体系》（1952）。

赫尔的假设—演绎行为主义反对华生的 S—R 公式，同意托尔曼的中介变量和整体行为，反对托尔曼的行为的目的性和认知性，但特别重视需要和驱力。赫尔的整体行为和驱力也不同于托尔曼的概念，因为托尔曼和赫尔的思想来源不同，托尔曼倾向格式塔，赫尔倾向联想主义。赫尔认为托尔曼的目的论有形而上学和心理主义色彩，是一种生物学上的目的论。赫尔反对目的论，也就反对整体论。实际上赫尔的行为学是一套假设及其逻辑演绎，它的基本内容如下：

第一，在研究对象和身心关系问题上，赫尔从逻辑实证论观点出发，把心理学作为行为科学，以便和物理学主义的语言一致。他认为有机体一生下来为了生存就必须有行为，研究行为不一定要依靠神经生理学，犹如天文学家不怎么了解物理学也同样有所发现；作为一种研究对象的现象本身，不必依靠产生它的东西。行为本身就是研究对象，不必依靠神经生理学。

第二，在研究方法上，赫尔的假设—演绎行为主义依数学模式（几何学）来建立行为体系，形成一种心理学方法论。赫尔的步骤和准则是：

1. 结构假设。这种假设由一种先验方式决定进行严格的演绎所得。
2. 来自假设的结论在实验上是可演绎考验的。
3. 实行实验的考验。

4．如果考验失败就修改假设。

5．如果证明成功，就把这些假设归到科学的总体中去。

关于这种逻辑实证论的方法论思想，赫尔做了如下的十分明白的描述："进步将在于勤奋地写作，一个挨一个的几百个方程；在于实验的规定，一个又一个的几百个包含有方程的经验常数在实验设计上有用的单位中，用方程表达测量数量；用客观方法确定几百个符号在方程中出现；用严格的演绎一步挨一步地从最初的定义和方程得到数千的定理和推论；用几千标准数量的实验细致地操作。"（引自舒尔茨《现代心理学史》，英文版）

赫尔根据这种方法论在《行为要素》中制定了13条公式和15条推论以及许多符号、公式和图式，构成一个庞大而复杂的行为学概念体系。但是，赫尔的公式并不是完全正确无误的。例如，作为他那个体系中的一条主要公式：巴甫洛夫的条件反射，他竟陈述为任何刺激只要同一个受强化的反应"在时间上接近"，就和反应发生联结，因而往后（在足够重复后）就能引起反应。赫尔对这一公式的陈述是不符合巴甫洛夫原意的。巴甫洛夫强调作为条件刺激的中性刺激应该稍先于无条件刺激出现，否则就不能形成条件反射。赫尔把当时西方流行的，但被误解了的条件反射概念作为不证自明、人人皆知的公式，因而把条件反射概念和联想主义的接近律等同起来。

由于物理学主义的结果，赫尔在方法论上是个机械主义和还原论者，鼓吹人类机械化。他自己曾经设计一种能推演三段论的机器不去尝试揭示学习中的脑神经过程，而认为物理机器能学习这件事意义重大。他还和学生说过，某些简单的学习过程是能用机械或者电力来模拟的。正因为这些思想，赫尔在20世纪40年代至20世纪60年代初的美国心理学界影响是很大的。

第三，赫尔的体系。在方法上赫尔是物理学主义者，在思想理论上则是生物学的。他强调有机体对环境的生物学适应，把内驱力作为一种最重要的中介变量，把养成能适应环境的一整套习惯作为行为主义的任务。

首先，赫尔承认有机体和环境之间最初的机能联系，是天生的感受器把刺激能量（S）转换成内导神经冲动（s）到达大脑；大脑像一个自动开关，把外导神经流（r）传递到效应器，作出反应（R）。不过，赫尔认为，由于适应行为的神经生理学研究落后，远远未能达到解释心理机制的要求，目前只能用比较粗浅的如条件反射或其他实验的公式来说明有机体的适应性行为。

赫尔提出了两种适应手段的假设：一种是神经组织中固有的、不学而能的感受器和效应器之间的天赋联结。他用“S—R”来表示，它是发生紧迫情况时的顺应机制，是一种较简单的反应，是由原始的内驱力发动的。另一种是进化的成就，是有机体学习所得的能力，是由第二级的内驱力来发动的。

在进一步解释驱力这个最重要的中介变量时，赫尔认为驱力是一种假定的刺激，其符号为 D_D，它由一种组织需要的状态引起以激活天赋的行为机制 $_sU_R$。他指出，驱力的强度可以在经验上按照剥夺的强度、行为的紧张或能量消耗来确定。

赫尔把驱力分为两种：第一种即原始的驱力，和生物需要的状态有关，它直接和有机体的生存密切联系着，包括饥饿、渴、空气、温度、睡眠、活动、性等是有机体天赋的为生命生存的需要。第二种驱力，又叫作付次的或学习的驱力。它是最初由环境中激活原始驱力外的其他刺激所引起，并和原始驱力的恢复相联系的结果。实际上，赫尔说的这两种驱力就是无条件反射和条件反射的别名。

赫尔的行为学体系中的中心概念是习惯强度和反应势能。前者用 $_sH_R$ 符号表示；后者用 $_sE_R$ 表示。赫尔认为，习惯就是一种 S（内导神经冲动）和 R（外导神经冲动）之间相互作用产生的机能上的联结，所以写成符号 $_sH_R$，并用“n”作为联结或相互作用的次数表示习惯强度的力量，

写成符号 ${}^{s}_{n}H_{R}$。赫尔认为，习惯强度根据强化作用的规律而发展；强化加强，习惯就得到发展。但是，如果强化达到一定限度还再继续，就会因疲劳而表现出不愿意的行为。因此，他认为习惯强度就是反应被强化的次数的函数。任何习惯反应必须有驱力来发动。他用 D 作为代表内驱力的符号。$D \times {}_{s}H_{R} = {}_{s}E_{R}$（反应势能），但由于内驱力 (D) 和习惯都有消极、退避的反应，因而反应势能 ${}_{s}E_{R}$ 既有加强发动的力量，也有抑制。这就产生一种振荡作用。就这样，赫尔推演出有机体从刺激到反应的全部内部过程包括了感受作用、内导冲动的相互作用、整合作用或强化作用、抑制作用、振荡作用。最后由于各人的情况不同还有个体差异。不过赫尔指出，关于振荡和个别差异只知道存在着这样的一些事例，但还不能做出解释（参看 [8-2]）。

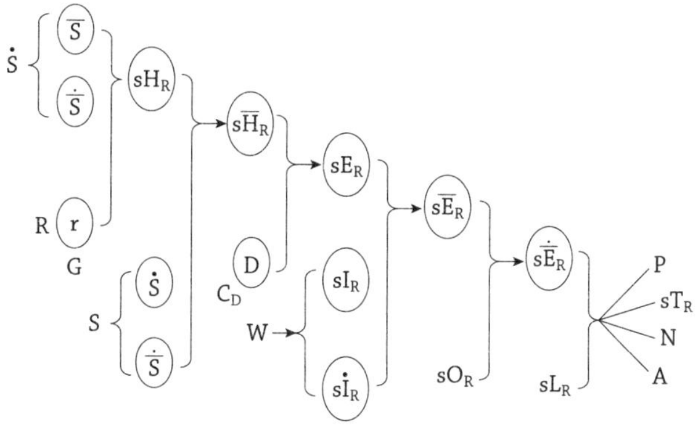

[8-2] 赫尔的习惯性行为中间变项示意图

泛化作用	动机作用	抑制作用	震荡作用	引发反应作用
第	综	潜	有	当
一	合	在	效	时
次	的	的	的	应
习	习	反	潜	发

惯力量	惯力量	应	在反应	生的反应

符号注解：

大 S　　刺激的物理量。R　有机体的反应。

小 s　　刺激在神经上的结果，感受作用。

$\dot{S}$　　两个以上的刺激联合所引起的神经交互作用，或内导冲突的相互作用。

r　　引起反应的输出神经冲动。

G　　一种强化状态的出现。

C_D　　客观的可观察的决定内驱力动向的现象。

D　　推动行动内驱力的生理限度。

W　　包含在一个引起反应中的工作。

I　　抑制作用。$_sI_R$　制约（条件）抑制作用。

$_sO_R$　　震荡作用。P　唤起反应的概率。

$_sL_R$　　反应阈限。$_sT_R$　唤起反应的潜力期。

N　　产生实验性未经强化（消失）的反应数。

A　　反应的幅度（大小）。

第四节

集大成者：斯金纳

斯金纳（Skinner）忠实于华生的 S—R 公式和经验环境，不用中介变量，不管生理学，企图通过行为研究来预测和控制人类及其社会，曾经用小说形式提出了一个社会改革的乌托邦。他的教学机器和程序教学也风行于60年代，曾一度被认为是当代最有影响的心理学家。他自己也自命为激进的行为主义者。

斯金纳在史蒂文斯的指导下于1931年取得哲学博士学位的前两年，曾受教于波林。当时波林和史蒂文斯都是哈佛大学的操作主义者。斯金纳自称，他的思想在20年代就受到英国新实在论的影响。新实在论和操作主义在哈佛有深厚的思想基础，这是30年代实用主义开始失势情况下的新兴思潮。斯金纳的言语操作行为就是从物理学操作主义发展来的。不过斯金纳把物理学的操作主义和生物学进化论结合起来，所以斯金纳在理论上是生物学的，在方法上是物理学的操作主义。

斯金纳的著作很多，最重要的有《有机体的行为》(1938)，这是他对前期工作的总结；1947年发表《言语的行为》。这两本书表明了斯金纳研究工作的两大阶段。其他著作还有《科学与人类行为》(1954)、《强化的细目》(1957)、《行为的分析》(1961)、《行为主义五十年》(1963)、《超越自由与尊严》(1971)、《关于行为主义》(1974)，以及一部小说《沃尔登第二》(1948)等。

斯金纳操作行为理论的思想体系有以下特点：

第一，他忠于华生的S—R公式，坚持行为是研究对象。他也同意赫尔说的，行为本身就是一种科学对象，但不像赫尔用行为学代替心理学的称呼。

第二，斯金纳把反射和行为加以区别，认为咳嗽、打喷嚏、膝跳反射等只是反射，不是行为。行为有三个特征：

1. 由一定的情境引起，不必非要有机体作用于外部世界。
2. 别的有机体可以观察得到的。他认为，意识是别人观察不到的，不在他研究范围之内。

3. 但他承认意识的存在，并把意识定义为“刺激对行为的控制作用”。他是面向意识的，为意识的研究解开了一条科学途径。

第三，他把行为看作刺激 (S) 和反应 (R) 的关系，并把华生的 S—R 公式用 R=f（S）来表示。他说，反应等于刺激的函数，要了解反应只看刺激就行，不需要托尔曼的中介变量。

第四，他和华生也不同，他着重研究反应，而不是 S—R 的联结。斯金纳把行为分为应答性行为和操作性行为，后一种行为的特点是先有有机体的操作，然后才发现刺激。这类行为是动物和人类中最多的，是心理学研究的主要对象。

第五，斯金纳把言语也看作一种操作行为，区别于华生把言语只看作语言器官的活动。

总之，斯金纳把人和动物的一切行为都看作反应和刺激的关系，反应就是一系列的操作，不论外显的和内隐的行为都是一样。行为是受刺激控制的，因此，安排好刺激就能控制行为。他认为通过操作行为的研究对教学改革、社会变革和科学发明都有帮助。最后他认为他的操作行为理论已发展成一种最好的认识论。可以说，斯金纳以新实在论作为他心理学的理论基础，最后又补充发展了新实在论，而新实在论是哲学上的一种唯心论的认识论。

一、心理学的对象、任务和方法

斯金纳把行为即反应和刺激的关系作为他的研究对象，认为心理学的唯一任务就是描述在先由实验控制的刺激条件和有机体随后做出反应之间建成的函数关系，不需要假设性的解释和演绎以及统计方法。他认为关于刺激和反应之间的什么中介变量、生理过程等都是观察不到的关于实体内部的理论假定，是虚伪的也是不需要的。他主张使用“单一有机体设计”的实验研究，意即对一个被试进行可控制的多次实验和测验，比用一次大量的被试和统计比较得到的研究成果更有价值。他反对那种缺乏恰当的资料支持而过早地建立理论的做法。他认为通过单个被试多次试验累积起来的大量资料和细心控制就能排除实验中误差的影响，而通过这样的实验记录绘制出来的因变量和自变量对照的曲线是足以证明行为规律的。因此，他不需要统计上的手续和理论，认为依靠大量的统计解决不了单个被试和个别差异的问题。

二、操作条件作用

这是我们在桑代克那一章中说过的，是斯金纳的创造，是他把巴甫洛夫的条件反射和桑代克试误实验巧妙结合的结果。斯金纳对巴甫洛夫动物实验所做出的反应叫作应答性行为（行为和反应在斯金纳这里是同义语），或者叫古典的条件作用。在古典的条件作用情况下，一个已知的刺激是和一个反应配对的刺激，它是以可见的情境先出现的，动物见到一个特殊刺激做出一个相应的特殊反应，如分泌唾液。另一种是操作性行为，它是没有任何可见的外部刺激引起的。它和应答性行为不同之处有二：第一，实验的动物事先看不见刺激。在实验时，实验者也不关心刺激。因为实验者在实验时不使用任何刺激，一切刺激物都是事先安排好的，做实验的被试动物根本看不见，只有当它做出适宜的动作才出现刺激物。第二，这种实验中的动物要对环境进行操作，操作成为它弄到刺激物（食物）的手段。为了便于理解试举几种实验为例。

1. 把鸽子放进一个小箱，先观察鸽子的头经常保持的高度，然后在木箱的量表上选定一条更高的线，每当鸽子的头伸过这条线就立即打开食盘给予强化。
2. 斯金纳箱的设计和实验就更精巧一些，这是适用于白鼠实验的小木箱。箱内的某一角安上一个食盘，有一斜槽和箱外食物相通，槽的一侧安有一根小横杆和上述装置连成一个机械牵引的设备。只要压动横杆，箱内的一丸食物即沿斜槽滚进食盘，饿鼠在箱内是自由活动的，但它迟早会偶然地踏着小横杆，牵动装置，获得食物小丸（参见 [8-3]）。

以上两种实验和巴甫洛夫与桑代克的都不一样。巴甫洛夫的狗不需要操作，它是被拴在实验架上坐等刺激出现才做出一个特殊反应的。食物的强化只增加反应量（唾液的滴数）和缩短刺激与反应之间的时距，和动物的操作无关。在桑代克迷笼中的动物，也是先见到刺激，而动物的操作和刺激的关系是不明确的。正如苛勒所说，它被实验的其他情境掩盖了，因而被试的动物长时间处在试误的状态，进步很慢。斯金纳实验中的强化，则加强了动物做出同类反应的可能，刺激和反应之间的关系明确，可以用反应的概率来计算操作的效果。因此，他认为，实验中的操作行为是“作用于环境而产生效果”的有效行为，它的关键是强化。他认为如果能够设计出操纵强化的技术，就能随意地塑造出一种有机体的行为。后来的教学机器就是从斯金纳箱演化来的。

斯金纳通过他的操作性条件作用实验，否认了桑代克的练习律和效果律。因为在上述实验中，只靠练习不强化就不会增加操作的次数，

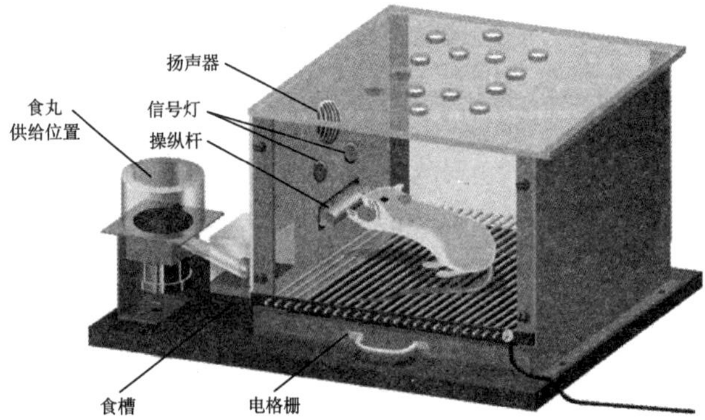

[8-3] 斯金纳箱

也不需要用愉快或者烦恼这类心理主义的字眼来解释。他还认为，用了强化这种客观概念，连赫尔说的什么内驱力刺激动物反应的解释也不需要了。斯金纳认为驱力也只不过是某种方法影响反应行为的一套操作，例如可以用老鼠被剥夺食物已有多少时间来确定寻食的内驱力。总之，斯金纳通过操作行为这个物理主义概念把所有的主观概念都客观化了，所以他自称为彻底的或激进的行为主义者。

二、强化的细目单

斯金纳强调操作性条件作用中强化的重要性在于能够确定行为操作的概率，他和同事经过多年研究提出了强化的细目单概念。这个概念的含义是指在什么条件下强化能发挥最好的作用，并且能用比率表示出来。经过实验研究，他们得到以下几种强化的细目单和强化类型。

定时间隔强化。每次过一定时间间隔之后给予强化。例如，每一分钟或每四分钟强化一次。实验结果表明，两次强化的时间间隔越短，动物的反应就越快。相反，两次强化的时间相隔越长，反应的比率就下降。同时还发现，强化频繁影响反应的抑制，例如连续强化越快，动物行为就被压制。

固定比率强化。在这种情况下，强化不是在一定时间间隔，而是在预定的多少次反应之后出现。例如，必须在动物按 20 次横杆后才给予强化。实验结果表明，动物在固定比率细目单中的反应比在固定时间的反应快。他们认为，动物在定时强化中反应快和反应慢没有区别，因为动物在固定时间内，不论压杆 5 次还是 20 次，只要等到时间过去就得到强化。后来他们还发现，固定比率细目单中反应比率高，不论在鼠、鸽子和人的反应中都是一样的。例如，在工厂和商业部门经常使用支付的固定比率程序表。在这里，一个工人能支付多少由他自己生产的单位数量多少决定；一个商人受委托，由他卖出多少决定。他们认为这种强化方式最符合实际，也最有效。其他的强化方式还有可变比率，可变间隔以及其他方式混合的强化细目单，在此就不一一细说了。

斯金纳和他的同事把这些研究整理总结为两本书：《强化的细目单》(1957年和G.B.Ferster合写)和《强化的行为列联》(1969)。所谓“行为列联”是指R—S过程中反应、刺激和强化按顺序发生的基本列联，一个操作反应接着一个强化刺激操作再发生概率就增加。斯金纳用这种理论研究人类言语行为和其他操作技术，曾提出了行为工艺学，颇得到一些人的赞同。

四、言语行为

斯金纳认为人类说话的声音如同老鼠压杆强化，言语行为是两个人相互作用，一个说和一个听来进行的。说的人做出反应就是发出声音。听者的行为由说者说了什么而决定强化、不强化或者惩罚说者，因而能够影响说者以后的行为。

斯金纳认为，过去只注意听者听到什么话，只注意语言的表达和文法结构，其实言语行为中的言语操作是语言社会用来强化列联的工具。说话者操纵他们自己的言语行为可以控制或定出听话者的反应性质。例如，父母对孩子说话，如果不恰当地使用“顽皮”这个词，就会影响儿童以后的说话和行为。因此，他说，发现一种言语自我管理技术学，将对发现人们必须说什么和限制控制变量范围这两方面都是有用的。所以他认为言语就是行为，言语就是思维。这些命题中包含的内容比当年华生走得更远。

五、一种认识论

斯金纳说他研究了46年以后觉得自己的行为主义是一种认识论。因为不论来自环境还是体内的刺激都影响行为，所以这种刺激对行为的控制和改变行为的作用就是意识。意识就是对环境做出反应的行为，对环境不管是体内的还是外界的刺激没有做出行为反应就是没有意识。到了人类有了语言，人在语言社会里就逐渐学会以言语来描述这些体内状态或事件，于是就产生了人所特有的意识，即对体内感觉的觉察，也就是自我观察、自省或自知。但是这些过程是一个人的遗传史和他个人史的附带产物，因为人体内没有创造的或者主动的机能，只有受环境控制的行为和操作；也没有感官接触环境后用记忆形式保存下来的存储，而只有遗传的生存列联和学会的强化列联。一个人发生的行为，是由于他经历着一种复杂而精细的遗传史与环境史。总之一句话，斯金纳用倒转S—R公式为R—S公式即反应（操作）、刺激、强化来解释一切，把一切精神、心理和意识现象都说成为操作行为，这就是他的认识论，就是物理学操作主义即哲学上的认识论——新实在论。这个新实在论既是斯金纳行为主义的出发点，也是他的理论归宿。

六、行为主义者的社会：《沃尔登第二》

《沃尔登第二》是斯金纳于1948年出版的一部小说，描写了一个农村公社，用强化“控制”实现他所期望的社会生活。他把这类设计叫作“行为的工艺学”。这种按操作是可控制的原理设计出一种“理想社会”，就是斯金纳的哲学幻想或最高理想。

斯金纳还把操作行为理论应用到自然科学，如心理药物学上去，使他的理论成为一种包罗一切的哲学体系。为此他称自己的行为主义是一种认识论，并且强调重点在“ism”（主义）这三个字母上。

对行为主义和第一篇的总评

华生行为主义继桑代克联结主义之后抛弃了意识，从动物适应环境的水平研究心理学。虽然由此引起许多问题和争论，但在当时进化论思想占主导的心理学气氛下，西方心理学终于普遍走上生物学化道路。猫和白鼠、狗、猩猩成为心理学研究的主要对象，即使以认知—目的论著称的托尔曼，也以白鼠心理学家闻名。他们在物理学操作主义的客观化和数量化名义下，迎合了逻辑实证论和新实在论的哲学思潮，将人机器化。因此新老行为主义在表面上是一种机械唯物论，实质上却是以唯心论的认识论为其理论基础的。

尽管如此，行为主义对西方心理学的发展仍有如下贡献：

第一，在具体方法上，它强调客观性和数量处理，在防止主观思辨上比冯特传统的意识心理学有进步。

第二，它坚持进化论思想，推动了发生心理学和应用心理学，为心理学开辟了许多新的领域，弥补了冯特意识心理学的自我封闭和脱离生活实际的缺陷。

第三，在人们的行为习惯和技能操作训练上做了大量实验研究，积累了不少经验和资料，这为60年代开始、70年代出现的人工智能和信息加工心理学的研究做了准备。

第四，它着重研究行为的片面性和精神分析学派强调无意识，格式塔学派研究心理现象有某些共同之处，这就使三大学派的某些思想成分互相吸收和融合成为可能，从而促使机能主义成为现代西方心理学的主流。其特征是：

格式塔学派采用了“行为”术语，把动物（猩猩）的学习（顿悟）和人的学习同等看待，适应了机能主义的思想。

精神分析强调生物本能在人的心理活动中的决定作用，也就代表现代西方心理学主要方面的三大学派都将人的心理和心理学从属于生物学部门。这种情况自安吉尔以来到新精神分析的沙利文时间长达近百年，至今犹持续未已。

然而，这种变量上的折中融合难以克服各学派的本质弱点。因此，到了 60 年代相继出现人本主义心理学和认知心理学，它们是在电子计算机科学和结构主义哲学思潮推动下涌现出的新倾向。如此，我们也就转到下一篇的讲述。

CHAPTER 2
第二篇

Contemporary Western
New Thoughts of Structural Psychology

当代西方
结构主义心理学新思潮

从上一篇知道，美国机能主义心理学逐渐和欧洲的机能心理学汇合，成为现代西方心理学的主流之后，到了三大学派的后期又出现了新的情况：各学派互相吸收和渗透，出现了一些新的派别，每个新派别的基本思想虽和老学派相同，但在若干基本观点上已有改变，他们试图突破老学派的框框或者弥补其缺点，因而出现了各种学习理论、动机和人格结构形成的学说，表现了西方心理学正在向纵深发展。

与此同时，20 世纪以来连续两次世界大战，资本主义制度的固有矛盾和战争创伤给人们带来空前的悲惨生活和痛苦。战争年代新兴的通信技术和理论，虽于战后迅猛发展，也推动了其他科学。但是人们害怕战祸再起的心理，造成了思想上的混乱和焦虑，因而出现了新的社会思潮。

以上这些情况，通过迂回曲折的道路反映在当代西方心理学上，终于出现了 50 年代末的行为主义危机、60 年代的人本主义心理学运动和认知心理学等，即出现了以结构主义为主要倾向的心理学新思潮。这一新思潮的表现形式是以一些专题性的小型理论取代三大学派的庞大体系，它们分别为人格心理学、生理心理学、认知心理学和发展心理学。下面将分四章简述这一历史进程。

奥尔波特

个体的独特性在于各人的特质。特质是最能反映个性含义的东西，它是一个人的行为倾向的决定者，具有指挥个体行为的潜在能力，是一种个性的“心理结构”。

罗杰斯

如果一个人的经验（包括自我概念和实际经验）同他天生的自我实现的趋向相一致，他就会产生一种积极的经验；如果不一致，就会产生消极的经验。

赫柏

感觉经验是个体必须学会的资料。除了感觉资料以外，还有从日常生活经验来的大量非感觉的影响，这些资料和影响决定了知觉。学习就是一种知觉什么和怎样知觉的长期过程。

皮亚杰

当我们认识到从儿童说明成人往往比从成人说明儿童来得更好些，便增进了对儿童研究的兴趣。每一个成人，即使他是一位创造性的天才，还得要从儿童开端。

乔姆斯基

言语是创造性的，每人每天听到的每句话都是新的。正像一个演说家，几乎每句话也都是新的。每个人在每一言语动作中都创造着新的反应，理解新的刺激。

马斯洛

人有一系列复杂的需要，按其优先次序可以排成梯式的层次，包括生理需要、安全需要、社交需要、尊重需要和自我实现需要。

莫里

人格是连续活动的模式。人格的结构单位或最基本单位（B—E）的构成从出生到死亡都有连续性特征，它是不断变化着的活动模型。

SECTION9 第九章

Personality Psychology
人格心理学

关于人格或个性问题的研讨古已有之。古希腊德谟克利特曾把个性看作生活和教育的结果。他认为平衡的性格出于有规律的生活，教育可以创造出第二个性。当时的医生希波克利特和古罗马医生盖伦提出气质类型学说。

以后中世纪封建社会将人类灵魂人格化，亦即神学化，而近代资本主义社会的心理学按自然科学思想方法进行研究，贯彻了一条自然主义的心理学思想路线，致使近代联想主义心理学十分烦琐、机械和被动，现代机能主义心理学则走上生物学化道路，影响至今。

但是，随着心理学的发展和深入到人格问题的研究时，人们发现自然主义的思想路线解决不了人的个性复杂性、生动性和主动积极性等问题。由此提出了历史文化对人的影响，从而使人及其心理作为生物—社会统一体的思想抬头，这就为当代的人格心理学进行科学研究提供了可能性。因此，当代科学的人格心理学的出现，也是有它的历史条件和思想根源的。

第一节

从“元素”到“人”

从心理学本身看，19 世纪末和 20 世纪初，德国狄尔太 (Dilthey) 认为，过去的心理学按自然科学的思想方法进行研究，使完整的人类心灵统一体变成零碎的心理元素感觉和情感的堆积，或者刺激和反应单位的联结，使心理学像自然科学一样成为解释性的科学。

狄尔太说，历史已经证明，这样的心理学不能真实地描述人们在具体活动中表现出来的积极主动和创造精神，不能像诗人和艺术家那样描写伟大人物的成就和功绩，从而使心理学十分被动。他提议心理学应放弃自然科学的原子论观点和分析法，而采取从历史文化方面把人作为一个统一整体，用描述的方法来研究心理学。他认为，自然科学研究的外界现象，适宜应用客观分析的解释方法；心理学则研究主观经验，只能通过对内部的体验描述它。狄尔太说，我通过对颜色的判断，知觉到颜色，感到愉快，愿意产生它。知觉内容的这种因素，是通过各种动作达到的，但每一动作可能和不同的颜色或其他对象发生关系。因此，整体的心理动作是心理学的研究对象，每次心理动作总是有目的的。有目的性和目标就体现了心理统一体的积极主动和人类对事物的态度。而过去按自然主义路线研究的心理学是完成不了这任务的。因此他认为，心理学应把人作为统一的整体来理解，并称他自己的心理学为理解心理学。不过，狄尔太是根据德国康德和胡塞尔、布连塔诺的传统思想提出这一看法的，当时他未提出“人格”概念。人格这一概念是斯特恩（Stern）提出的。

德国人斯特恩（1871—1938）在心理学史上是一位有多方面贡献的人物。他在心理测验史上提出智商概念（1911），这一工作的意义可以和法国比内（Binet）制订智力测验量表（1905），美国推孟在斯坦福大学修订比内—西蒙量表（1916）相比较。在关于解释心理学和描述心理学，自然主义和历史文化思想路线研究的争论上，斯特恩持折中态度。他同意狄尔太反对心理学中的原子论观点，但认为可以借用自然科学的测验统计和实验等技术方法研究心理学。他反对行为主义排斥内省，认为内省是一种有用的心理学研究方法。他认为生命有三种形态，首先是生物学的，在这种形态中个体的生命力占优势。生长、成熟和再生产是生命的机能。第二种形态是生活经验。经验是在分裂和紧张的生活之下产生的。一切经验或者是尖锐地突出中心，或者是嵌入整体的背景之内，每一经验都包含一些突出的和隐嵌的、中心的和边缘的要素，它们的关系接近于图形和背景的关系。他把经验的内容叫作心理现象，通过心理现象个体经验到动作，由内容产生的动作就是思想过程。有些经验是短暂的，有些最后成为素质。素质包含有将来的能力，而性格特征、气质和记忆能力都是素质。生命的第三种形态水平是动植物所缺乏、纯粹人类的形态，它代表着文化、社会、道德和宗教的价值，是个体从接受社会道德标准和他的社会环境的道德法规及其文化价值得到的。斯特恩把这一接受过程叫作内感受作用，它类似于弗洛伊德通过心力内投和自居作用形成的超我。在这里他的性格这一术语是和人格相对应的。不过他把人格看作物理和心理、遗传和环境、突出的和嵌入的、全体和部分的会合，看作多重结构的统一体，这样在20世纪20年代的德国提出了一种人格主义学说。所谓人格主义是把人格作为人类生命的连续体，它和外界的关系是以主体的人格为出发点的。同时，它把一切个性特点都归属于心理化了的人格。因此，这种心理学思想和胡塞尔的现象学密切相关。

人格心理学的出现还和研究个别差异、心理测量与统计有关。

我们已知道，个别差异和心理测量起始于英国的高尔顿和美国的卡特尔，以后皮尔逊（Person, 1857—1936）和斯皮尔曼（Spearman, 1863—1945）相继提出相关系数和二因素分析理论。到了1911年比内－西蒙的心理测验量表得到推广，又于第一次世界大战期间（1917），美国进行一次大规模挑选新兵的测验，到1926年已成为一种运动；达到了高潮，与此同时测验的范围扩大，项目增多，出现了各种量表。它从测量个人到测验团体，从研究心理过程到心理品质，从制订单个作业量表到多种作业量表，从二因素分析到多因素分析心理结构，等等。其中以1912年桑代克提出兴趣测量是将心理测验应用于研究人格心理学的开始。

当时桑代克研究了100个学生，从中比较了小学生、中学生和大学生的兴趣，尝试通过测量技术确定兴趣和能力的关系。桑代克的一位学生凯利（Kelley, 1884—1961）选择兴趣测量为博士学位论文的研究课题，测量了兴趣和学习英语、历史与数学的成绩之间的相关。此后，有人将其发展成兴趣量表。

由于兴趣和动机有关，它涉及个性品质和心理能力的关系，于是心理测验和统计处理就逐渐用来作为鉴定人格和研究个性的手段。例如斯特恩的人格主义就利用心理测量来研究人格结构，而继承狄尔太理解心理学的德国人斯普兰格（Spranger）则从对社会文化六个方面的兴趣，提出了六种类型的人格类型说：

1. **理论、求知的兴趣**。对研究真理和科学、哲学有浓厚兴趣的人。他们大多数是沉静、有思想，对于细微的事亦极认真。
2. **审美的兴趣**。是喜欢文学、音乐和美术工艺之类的人，他们对一切事物只求满足美的观念，忽视真理和实用。
3. **经济的兴趣**。包括对财产和一切实利的注意，这种兴趣高的人以实用为目的，对理论、思想不愿注意。
4. **宗教的兴趣**。相信超人的势力统辖着宇宙，或认为信仰可以改变人生。他们对于仪式、礼节感到有趣味。
5. **社会的或同情的兴趣**。这种人对于人的问题如家庭、亲友或慈善事业等人与人的关系问题极感兴趣。

6. **政治的或管理的兴趣**。属于有领导统治别人欲望的人，或是喜居高位，追求名誉的人。这种人对权利和义务分得很清楚。

由于上述情况，使学派中的人格结构学说，例如精神分析和治疗中的人格结构研究和心理测量的方法相结合，演变成为以研究人格为对象的人格心理学。然而，这只是人格心理学兴起的原因之一。人格心理学要能大发展，还必须有其他的力量支持。这种力量就是人本主义心理学及其哲学理论存在主义。

存在主义哲学的始祖是丹麦神秘主义者基克戈尔特（Kierkegaard, 1813—1855）。这个哲学流派在第一次世界大战以后流行于德国，第二次世界大战期间和战后，通过文艺作品宣传流行于法国、意大利和美国等地。20 世纪 50 年代末和 60 年代成为一种思潮，对人格心理学发生很大的影响。

存在主义认为，存在就是自我，存在和自我、人格是同等的。它认为，自我是一切存在的核心，没有自我，世界就成为杂乱无章的堆砌。存在主义还宣传世界事物只是自我的表现，是为了人而存在的、自我的辅助物。

存在主义者还认为，自我以外的一切事物是对自我的限制和阻力。每个人对周围世界既陌生，又感到危险，产生恐惧，把死亡看作获得自由，活着就是等死。可见，存在主义的悲观论调和新旧精神分析学派的思想是完全合拍的，这些思想反映了战后西方资本主义社会内部紧张、紊乱和恐怖的现实生活情景。

存在主义还和尼采的哲学思想结合在一起，强调人格中价值和意义的重要性，要求发挥人的潜在能力。他们认为，由于文艺复兴不久之后，西方的科学和思想将主客观统一的人或自我分割开来理解，因而对人的主观自我得不到研究引起了种种问题，人本主义心理学强调研究人格和自我实现就是以存在主义哲学为理论基础的。

作为第三势力的人本主义心理学是反对行为主义和精神分析两大

势力各股力量的汇合，它们都反对行为主义和精神分析的机械论、还原论和反理性主义的观点，反对用物理学主义和无意识动机来解释人类心理和人格结构。他们共同的思想特点有以下三点：

第一，强调个人的唯一性。他们认为，人类有基本的潜在能力可以用来改善人类自身的生活条件。但过去的科学研究掩盖了这些基本潜能，因而使人们生活在受压抑和不满意的社会环境中，积极的方面得不到发挥。他们认为，同西方社会相反，东方的哲学却强调意识、创造性和自我实现，并且在这些方面成为心理学研究的合法领域，已在心理治疗，教育和日常生活中提出自我意识、自我满足为主要的研究目标；而西方在宣传物质、机械化的时候，忽视或抑制了人本身的积极因素和潜在的精神能力。这种精神能力每个人都潜在地存在着，并且各不相同。所以，他们宣传人格的个人性、整体性和私人性是唯一的，应当作为心理学研究对象的主要特性。

第二，研究人类的潜在能力和特征。1962 年美国成立了人本主义心理学协会，发起人戈尔茨坦（Goldsten）、马斯洛（Maslow）、莫里（Murry）和罗杰斯（Rogers）等声称：人本主义心理学要讨论人类的能力和潜能。例如，爱、创造性、自我、生长、组织、基本需要、自我实现、高价值、存在等共 28 个概念，这些概念无论在实证主义哲学，或者在行为主义，精神分析的理论中都很少，或者没有系统的地位。他们认为，这些概念只在奥尔波特（Allport）、弗罗姆和霍妮等人著作的某些方面以及精神分析的自我心理学家、存在主义和现象学的心理学家著作中还可以看到一些。例如，马斯洛就提出了近一百种这类特征。实际上，这些特点只是胡塞尔现象学中所包含的一些思想成分，以及布连塔诺的意向性和精神分析与治疗中提出的心因性特征的结合。由于这样的结合形成了一种人本主义心理学思潮。

第三，推崇心理治疗的理论和方法。他们认为，现代人由于对生存的空虚和压抑之感引起反抗。不过，这种失去了生存意义并威胁人的空虚是可以借助于集体主义管理和安排一种情境，由培养精神文化得到部分解决的。他们鼓吹意向性和意志，迫使个体去体验自己和环境的同一性，发现自己的生活意义以达到主客观的统一，从而治疗或者防止神经官能症等病变的存在和发生。

总之，人本主义心理学强调精神文化和社会因素在人格形成中的作用，借以对抗行为主义的物理机械观和精神分析的生物本能论等反理性的思想观点。他们强调主观的理性主义，鼓吹精神的自我实现来表达他们对人类的特殊见解。持这种理论观点的人数不多，但成分复杂、能量很大，作为历史性的介绍我们只列举几位人物及其基本思想的倾向以示梗概。至于另一些常见的人物，限于篇幅，就从略了。

第二节

奥尔波特的特质心理学

奥尔波特（Allport）是早期行为主义者霍尔特的学生。他通过霍尔特接受了詹姆斯思想，于 1922 年取得哲学博士学位。伍德沃茨说，奥尔波特是“一大群正在竭力建立一门人格科学的现代心理学家中一个突出的代表”。

奥尔波特的博士学位论文经 1937 年改写发表，1961 年又加以修订以题为《人格的模式和成长》一书出版。在此书里，奥尔波特把个体看作个人的和唯一的。他提出“机能自主性”这一独创的概念，反映了詹姆斯意识流和自我的思想对奥尔波特的影响。1946 年哈佛大学成立社会关系学系，奥尔波特担任该系的系主任职务。当时哈佛大学的某些社会心理学家和文化人类学家以及实验的社会学家建议把临床心理学、社会心理学和文化人类学三者合并成一个单一的统一体，叫作社会关系系。这个系在哈佛的埃茂逊（Emerson）大楼顶层还建有自己的实验室，从事科学研究工作。

奥尔波特的人格理论是折中主义的，其中包含行为主义、格式塔心理学、精神分析以及其他一般心理学的成就，如心理测验和因素分析等。他是个人格主义者，也有人本主义思想。他的理论结构和概念新颖明确。分述于下。

一、特质心理学的研究对象和任务

首先，奥尔波特认为，个体是一个独特的有组织的整体，人格心理学就是要研究这种整体的“独特性是怎样发生的”（奥尔波特著《人格：一种心理学的解释》）。他批评过去的实验心理学没有把这个整体作为主要课题，只追求心理过程的一般规律。差异心理学也只求个体的各种能力在分配曲线上占有一定位置，忽视了对个体本身的认真研究。精神分析认为无意识是人们同一的，超我、自我和本我都预定了人们之间没有差异，忽视独特的个体。他比较同意格式塔的整体概念，说它开辟了人格研究的道路。不过，他指出要具体地进行研究还有待于认真地工作。

奥尔波特认为，个体的独特性在于各人的特质。特质是最能反映个性含义的东西，它是一个人的行为倾向的决定者，具有指挥个体行为的潜在能力，是一种个性的“心理结构”。在发生学上，特质是从原始的特殊动作到一系列有关活动的概括，是自我保存的行为潜力，它和动机有些共同点，都表现出指向性。特质还同态度有些相似，只是它不包含价值，也没有参照的对象。

奥尔波特把特质定义为具有能力的神经精神结构，它是个体独具的特征，个体之间的这些特征是不能比较的。但是，对于一个人来说，他的某种特质又在变化的情境中有相同的反应。例如，一个有“友好”品质的人，在遇到陌生人、与人共事、访问朋友和约会等行为中，他都表现出欢迎、愉快、有趣、有益和开朗。这就是说，在上述任何情况下，具有“友好”品质的人，他始终如一地表现出“友好”这种品质特征。

根据对个体行为影响的程度不同，奥尔波特把特质分为三种，即“主要的”“中心的”和“次要的”。主要特质支配着个性，影响人的所作所为。如果依赖性是某人的主要特质，那么这个人在紧急事件时可能驱使他去寻求帮助；在通常情况下会简单地取消紧张的独立奋斗的准备。中心特质不是个性的支配者，但对行为起决定因素的作用。例如“忠诚”是某人的中心特质，那么在对待工作、家庭和团体事务中，他必然反映出忠实的行为品质。次要的品质比较狭窄，是一种较特殊的特质，只在特殊情境中才表现出来。例如，有的人只在长者面前表现出谦虚恭顺，在其他场合就不是这样。

奥尔波特还认为，同一地域的居民常常有共同的特质，这是由于他们的共同自然环境和文化形成的。这种居民间的共同特质，虽然有层次上的不同，但有类似的适应模式。因此，奥尔波特虽然强调研究个体的独特性，但也认为必须同时集中于个人统一体一般规律的研究。

二、特质心理学的研究方法

在研究方法上，奥尔波特主要采用人类学的观察法。他的资料来源于医学和各种社会研究的记录。他推荐利用个人的资料，如书信、日记和谈话以及书法步态等形式。同时他也注意测验的成绩，小型生活情境的分布和实验室实验以及从测验学习模型等得来的资料做综合研究。总之，在方法上他也采取折中态度。他认为对人格独特性的研究，在技术上要优先重视表现型，少使用遗传型和以智商为标准。他认为不应当从分数，而应当从资料衍生出理论的描述。在他看来，测验所得的离散的分数永远不能恰当地描述人格。

三、人格的机能自主理论

首先，他认为人格是一种动态的、有连续性的心机结构。体格、智力和气质是人格的建筑材料，它们在发生学上是决定性的因素，环境对它们的影响不大。但是一旦这些因素和环境中的创造性因素相互作用形成适应机制时，就发生着最大的效果。所以，人格就是借助于人的内驱力和他的环境协调的适应模式。这样，人格就是适应机制构成的广阔决定者，在个体的每一活动中都有所反映。这是由于自我的适应机制建成之后，它在机能上是自主的，它按照自己的实际情况指挥行动。

奥尔波特认为，适应机制的机能自主性独立于最初原因的内驱力，它和内驱力只能在历史上和最初的原因发生联系。举例说，那些为了维护大量财物的吝啬鬼，是早年养成了节俭习惯的。但现在已变成吝啬的人，这和他过去积蓄财产不能相比。搬进城市的山区居民渴望他出生后长住的山头。出于对工作热爱而昼夜忙碌的天才，都在机能上已养成自我存在的自主含义为壮年期所必需的了。因此，或者期待，或者忠诚于工作都能加速自主兴趣的成长过程。

他认为，自主有两种水平：最简单的自主动作是持续的动作，即没有任何其他的原因或结果，它们自己实现原初的动作并再三重复。这些持续动作包括零碎行为的表现，例如经常不适宜的而无意识的微笑，循环活动像幼儿牙牙学语等。这些动作没有目的，它们好像是朴素地出现并连续发生的。他认为，对于人格来说，更重要的是私有的自主性水平的动作，如兴趣、情操与围绕着价值组织起来的大部分行为。这些行为动作既是自我的表现，也是自我保存的手段。

奥尔波特指出，某些类型的行为永不能成为自主的，例如内驱力能指导某种定向，但没有一种内驱力能够成为自主行为的生物学基础，它既不能反映也不能在结构上决定行为。发动行为的内驱力和使行为满足的驱力相似，它们都是强化的产物，离开强化就不能存在，不能自主地存在。但是自主又是受某些事物限定的，而不能受强化支配。既然自主动作不能追根到强化，那么它们是如何起源的呢？

奥尔波特假设，它们可能在其他事物中产生：从延迟消失的物理因素，从维持自我的循环，从新的动机作用，从体验到某种目标、活动或者活动风格的成就中产生的，或者为了生存为有机体提供一种重复机制复制的能力，以致一种手段丧失，就有另一种手段来代替它。总之，不管自主动作的机制起源怎样，在奥尔波特看来，在自我加强的水平上，人需要在他的机能上维持某种能量水平，以便当一种缺乏刺激的情境出现时，他可以期待在其他地方寻求刺激。况且，人总是不得不为优势或成长而奋斗努力。最后，人的本性还总是设法协调为他面临的遭遇、获罪和死亡等一切方面的无穷问题寻求解决办法。奥尔波特的特质心理学和他的自主机能概念引起后来许多人作为研究个性独特性的出发点，成为西方现代人格心理学中的一种独特理论。

第三节

人格心理学的开拓者：莫里

莫里（Murray）是人格学的设计研究者，1919 年他在哥伦比亚大学取得医学博士学位，1926 年开始在哈佛大学的心理诊疗所长期工作。1929 年他又从剑桥大学接受了哲学博士学位。

由于莫里整理了哈佛诊所的成果，发表了《人格探究》(1938) 和《人的评价》(1948) 两本著作。1935 年莫里还和他的一位同事摩尔根一起创立简称为“TAT”即主题统觉测验。在主题测验中他向被试呈现有节奏的但模糊、抽象和多阴影的图片 (见 [9–1])，激起被试的幻想，然后要求被试对每张画形成一则故事。如果继续这种主题实验，并要求持续地描述画片上的故事，就明显地表现出被试的人格所造成的影响。这种影响来自何处呢？莫里认为这是无意识的。他说，我必须表明的是被试把他们最深刻的幻想投射到这种戏剧性的画面上，但是由此显

[9-1] 主题统觉测验图片

示出他们所指向的紧张状态都是完全无意识的，虽然他们的一些故事是有意识的幻想精心制作的。而另一些故事是由被试个人的参照组织起来的。在对上述现象做进一步解释时，莫里指出，那些归因于无意识的幻想内容，是由于其他的资料暗示给个人，正像梦一样，决定它们的无意识倾向是可以得到解释的。

莫里在进行上述的实验研究时，正值20世纪20年代到40年代，在这20多年间正是西方心理测验运动蓬勃发展时期，他有意在人格问题上做一番研究，因而对当时流行的若干心理学基本问题提出了他自己的看法。正是在阐明这些基本问题时提出他的人格学基本观点。

一、人格学的对象、任务和方法

莫里认为人格是心理学的固有对象，人格学是心理学的一个分支学科。人格学研究个体就要研究个体的生活史。但是，对科学处理来说，生活史的范围太粗犷，是一种粗大的单位，应当把它分成较小的单位才适合研究。他把这些小单位叫作“事件”。每一个事件归结为一系列B · S → A → E · S（即开始情境→活动→终末情境）的符号，并把它说成B—E形式的公式（即开始—终末），作为研究人格的最基本单位。应该看到，这是一个两项式的公式即开端和终末。它和行为主义的S—R，虽然说法不同，却都是缺中间项的两项式。

不过，莫里把S—R公式叫作外围论，把它和他自己的中枢论加以区别。莫里认为，无论人格，或者生活史，或者事件都可以从两种参照框架即外周的或中枢的去研究。外围论者全神贯注于客观的、可观察到的 S—R 单位，这是一种机械主义的、物理学的解释。

莫里喜欢中枢论观点，认为它关心结构和受中枢神经系统控制的行为。他并不忌讳使用如“主观的”这类概念，认为只要使用的概念能提供一种动力并对行为的说明有效，就不要管概念的性质是什么。这样他的公式又类似于 S—O—R 的折中概念，被人看作和麦独孤的本能概念相近，而和马斯洛的自我实现（见下节）亲如一家。

在研究方法上，为了适应他的中枢论，莫里除使用主题统觉测验外，也使用斯金纳箱，巴甫洛夫的条件反射，罗夏（Rorsche）的墨迹测验，甚至精神分析的睡椅。他和奥尔波特一样，无论在理论观点和研究方法上都是个折中主义者。

二、人格结构的学说

莫里的人格结构学说，实际上是一种动机理论。他认为人格结构的特征有三：第一，人格是动态的，因而不能把人的个体及其人格看作静止的，按生物的类来对待。第二，人格是连续活动的模式。人格的结构单位或最基本单位（B-E）的构成从出生到死亡都有连续性特征，它是不断变化着的活动模型。这种活动结构模型不能同身体一样与环境无关，它是受环境压迫产生的机能，而以矢量来表示，也就是用行为的特殊样式或者习惯模式表现出来的。第三，一切有机体的反应都有目的。莫里认为，有机体为了生存进行适应活动。他把这种适应活动的小事件叫作意动，意动归因于内部力量。他认为，只要这些内部力量不受阻止就导致活动；换句话说，活动的作用也就是消除发动它的情境。有机体在调整力量过程，总是寻求某种压迫而躲开其他压迫，而完满的行为就是在适应压迫时产生的。所以，有机体的行为总是有目的的，它按动力的规律行动。由此可见，莫里把人格归结为具有目的的动态结构的活动模式，实质上就是一种动机理论。

三、身心关系

在脑和心理经验的关系问题上，莫里提出了优势和经验单位的学说。首先，莫里提出，脑、中枢神经系统不是孤立地对外部做出反应的。人脑协调个体的行为是由于脑的活动优势模式形成了优势过程，而整个优势模式在任何时候都积极地组成经验单位。一切经验单位不论是活跃的还是潜伏的，都集中在一起构成人格。他认为，凡是意识到的都是优势的，但只有某些优势过程才在某种特殊时刻被意识到，还有些优势过程是无意识的。

莫里把意识看作优势过程的主观方面，是对优势作用的觉知即意识。许多经验单位虽然暂时属于意识之外的机能即意识不到，但是它们总属于可以用言语来描述的范围之内。因此他断定，早期婴儿强烈经验的情绪，一切日常忘记了的话以及生活中的有些附带事件，虽然受到抑制但仍无意识地产生，甚至自主地活跃起来，只要我们热切地去觉知，许多事件就能被意识到。他认为主题统觉测验中的幻想，既是有意识的，又是无意识的，其原因就在这里。可见，莫里对脑的优势过程、意识和经验单位之间相互关系的理解，只是一种心物同型论观点。我们已知道，同型论出自格式塔心理学和现象学，它和经验批判论也有关联，是一种主观唯心论。

莫里还把经验单位分成连续的和离散的，认为个体内部的经验单位时时不同，有组织的经验单位是连续的；被打乱的经验单位是离散的，这是由于疲劳、睡眠、冲突或情绪紧张所引起。不过他认为，经验单位的离散程度受以下因素调节，如警觉程度、识别效率、学习的透彻程度、活动的增强和效果、有没有冲突、内省程度和自我批评的水平等。

四、需要学说

需要是被行为主义排斥的概念之一，莫里则把它作为一个有用的工具，提出他的需要学说来说明人格的动力结构的规律。

■ 需要的心理学意义

莫里认为，需要这个概念是人格的动力结构所必要的。由于某种内部或外部的情境作用引起的需要，最初是激起随意活动，然后是有组织的活动。这些活动由于需要指向一定方向而维持着一定的紧张状态，直至达到某一目标。如果这些活动行为受到阻挡，活动的需要就加强；阻挡搬开，行为再继续。相反，如果需要没有被激活，行动就不会产生。他认为那种用非通常的方法利用物体的行为，是由于预定的需要被激活以后所采取的特殊活动形式。例如，一位意欲或需要修理破旧物件的妇女，她可以用发夹当揿钮，用鞋后跟当榔头。在野餐中饿了的人，如果没有可利用的器皿，可能用手帕当盘子。可以这样说，每种需要通过重复都和一定目标的意动结成较强固的联系，最后成为简单的习惯模式。这种模式简约、强固而灵活代替了原初有明显界限的需要—活动—满足的序列，成为人格结构中所必需的特征。心理学就是研究这种人格结构及其特征形成发展的规律。

■ 需要的产生和分类

莫里认为需要是由于某种要求释放的紧张引起不平衡的结果。从生物学或心理学上看，除非改变原初紧张的情境，有机体就保持在一定的不平衡状态，因而需要是经常发生的。他认为需要的机制不是S → R，而是复杂的压迫→行为效果的锁链。在身体上涉及需要的许多流动事件是和脑的内部关联着的，脑还和再激活的早期意动通道以及达到目标的痕迹相关。因此，莫里把需要的机制看作一种复杂的锁链，将它和简单的S—R 公式区分开。他把以上那些经验的、期待的、需要的、动作的以及物体的复合叫作需要的整合。

接着莫里就对需要进行了分类，认为有十二种主要的生理需要和二十八种次要的心理需要。这些需要：

1. 从发生学上分类，有弗洛伊德式的本我需要和情绪需要、意动需要。它们可以单独存在，也可组合一起发挥作用。

2. 从引起的情境分，有原发性的体内需要和心因性需要。前者发自体内，有周期性。它的产生过程是诱发期或预备期、不应期、激活期直至最后满足，例如体内缺失液体的需要诱发饮水的行为过程。

心因性需要的诱发事件不在体内，但由体内的驱力派生，它没有周期性。如交往的需要，是由体内驱力派生的和他人合作的需要等。其实，莫里像当代西方心理学中流行的需要分类一样，他把一切生物的乃至社会的现象如服从、统治、侵略和谦卑等都归之于个体的需要。这就同詹姆斯时代的心理学家把上述现象归之本能一样。此外，莫里又把需要分成优势的和从属的、主观的和客观的、半客观的和完全主观的等，名目繁多，不一而足。例如他把游戏、戏剧、仪式和文艺中表现的动作叫作半客观化的需要，而把幻想、梦中表现的需要叫完全主观化需要。这是由于前者虽属虚构，但它们毕竟有动作表现，这些动作也趋向于意象中的客体；后者只是幻想而已。这样，他又进一步把需要分为潜伏的、外显的，意识到的和无意识的等。这叫作万变不离其宗，变来变去，终究脱不开人本主义心理学或者说存在主义和精神分析的本意。

此外，莫里又把需要和动机、情绪以及意动的关系做了解释，但实际上是从传统的三分法（知、情、意）对需要进行了配置和分类，可以说还停留在分类学的阶段，并无多大实际意义，这里就从略了。再如为了贯彻他的人格动力结构的思想又从勒温那里借用了矢量这一术语，从动力学观点对需要进行又一次分类，实际上只是以上分类的同义反复。不过，通过对莫里人格学的概述，又一次看到当代西方心理学的总倾向是作为小型理论的人格学，是原有各学派思想互相渗透的产物，也是结构主义总倾向的表现方式之一。另外，还可以看到，他的人格学和奥尔波特的人格主义，虽都属于折中主义的，只是后者偏于人际关系，前者偏于精神治疗，但都有人本主义的思想成分。而真正的人本主义心理学倡导者是马斯洛及其自我实现的理论。

本章小结

这一章仅仅涉及当代西方人格心理学的一种研究倾向——动力的结构主义思潮。其实这一思潮不仅仅在人格心理学，也不仅仅在心理科学。由于人类研究自然和社会，思维的活动已深入到各种事物的深层，必须揭露它的深层结构及其表现过程而显露出来的诸现象之间的关系。因而在各门科学领域都出现了结构主义的倾向，人格心理学只是适应时代的思潮摆脱了旧的研究思想刚刚迈出了一步。以下几章还可以见到这种思想倾向在心理学其他部分普遍存在着。最后应补充的是当前西方的人格理论层出不穷，如果做分类介绍也有相当的篇幅。为此，本章除了如上所述指出一般人格心理学的主要倾向外，就只能留待以后另作介绍和评述了。

SECTION 10 第十章

Humanistic Psychology
人本主义心理学

人本主义心理学兴起于20世纪五六十年代的美国，由马斯洛创立，以罗杰斯为重要代表，被称为除行为学派和精神分析以外心理学上的“第三势力”。人本主义和其他学派最大的不同是特别强调人的正面本质和价值，不只是集中研究人的问题行为，更重视人的成长和发展，并称其成长发展为自我实现。不少治疗师如罗杰斯、马斯洛等都认为，精神分析学派过于强调病态的行为和过于以决定论作为人的价值基础，缺乏对行为的意义、正面的成长和发展的探索，因此决意创立一个全新的心理学取向，借以强调正向的心理发展和个人成长的价值；同时又加入了存在主义的哲学思想，强调自由、个人决定的价值和人生的意义。

第二次世界大战后，西方资本主义国家的社会问题日益严重，人们的精神状态也陷入了更大的危机，人受制于物而无能为力，很多社会问题的解决急需借助心理学，从而使得临床心理学、心理诊疗、社会心理学等获得了很大的发展空间。人们开始认识到，一切不安的源由均在于人缺乏对自身内在价值的认识。但是传统心理学存在着严重的贬低人性和非人性化的倾向，因此人本主义心理学便应运而生。

首先，人本主义心理学的理论产生，是出于反击当时两个影响最大的心理学派，即行为主义心理学和精神分析心理学。人本主义心理学认为在这些心理学中，作为心理学核心的人的心理现象的本质属性，没有得到正确阐述。人本主义心理学家认为，心理学应着重研究人的价值和人格发展。在心理学的基本理论和方法论方面，他们继承了19世纪末狄尔太和韦特海默的传统，主张正确对待心理学研究对象的特殊性，反对用原子物理学和动物心理学的原则和方法研究人类心理，主张以整体论取代还原论。

人本主义心理学有它自己的发展历程，人本主义心理学的兴起有一个较长的酝酿过程。20世纪二三十年代美国人格心理学、新精神分析和机体论的研究是它早期的理论准备。戈尔德施泰因1939年《机体论》的发表，被认为是它的主要理论即自我实现论的基础，他第一次从机体潜能的发挥出发，论述自我实现，用心理学的实证研究加强了这一本来是由哲学提出的概念。第一批系统讨论人本主义心理学的代表作是在20世纪四五十年代陆续发表的，其中主要有马斯洛的《人类动机论》(1943)、《动机和人格》(1954)；罗杰斯的《患者中心疗法》(1951)、《论人的成长》(1961)；罗洛·梅主编的《存在：精神病学和心理学的新角度》(1959)。20世纪80年代以来，人本主义运动进一步深化，其内部以马斯洛和罗杰斯为一方的自我实现说和以罗洛·梅及其他存在主义心理学家为另一方的自我选择说。此外，代表人本主义心理学主流的自我实现理论也有不同的发展趋向。罗杰斯一派仍坚持以个体心理为中心的研究，但另一些人已开始研究超个人的心理学，探讨个体意识如何超越自身。

第一节

从痛苦与自卑中成长：马斯洛

马斯洛是美国社会心理学家、比较心理学家，人本主义心理学的主要创建者之一，心理学第三势力的领路人。马斯洛心理学特别是他晚年的著作，为超个人心理学奠定了理论基础。他关于自我实现的以及超越者的人格特征的研究，促进了心理学对意识状态的经验研究。

一、马斯洛的生平和著作

亚伯拉罕·哈罗德·马斯洛（1908—1970），美国社会心理学家、比较心理学家，人本主义心理学的主要创建者之一，心理学第三势力的领路人。他出生在美国纽约市布鲁克林区的一个犹太家庭，因心脏病突发逝于美国加利福尼亚州门洛帕克市。父母是从俄罗斯移民到美国的犹太人，他是家中七个孩子的老大，父亲酗酒，对孩子的要求十分苛刻，母亲极度迷信，而且性格冷漠残酷暴躁，马斯洛小时曾带两只小猫回家，被母亲当面活活打死。马斯洛童年生活痛苦，从未得到过母亲的关爱。母亲去世时，他拒绝参加葬礼，可见其母子关系之恶劣。他童年时体验了许多的孤独和痛苦。不仅如此，作为犹太人，他们住在一个非犹太人的街区，上学后又是学校少有的几个犹太人之一，这一切使马斯洛成为一个害羞、敏感并且神经质的孩子，为了寻求安慰，他把书籍当成避难所。后来当他回忆童年时，他说道："我十分孤独不幸。我是在图书馆的书籍中长大的，几乎没有任何朋友。"上学后的马斯洛由于天赋极高，学习成绩十分优秀，其状况后来才有所改变。马斯洛从五岁起就是一个读书迷，他经常到街区图书馆浏览书籍。当他在低年级学习美国历史时，托马斯·杰斐逊和亚伯拉罕·林肯就成了他心中的英雄，几十年以后，当他开始发展自我实现理论时，这些人则成了他所研究的自我实现者的基本范例。青少年时期他曾因体弱貌丑（鼻子太大）而极度自卑，借锻炼身体希冀得到补偿。进入大学后读到A.阿德勒著作中自卑与超越的概念，得到启示，从此改变了他的一生。马斯洛的早年经历不仅影响了儿时的马斯洛，而且使成年甚至成名后的马斯洛仍然害怕当众发言，以至于每一次演说之前他都会经历极为强烈的焦虑。他的父母未受过教育，但他们坚持让他学习法律。起初他满足他们的愿望于1926年进入纽约市立学院专修法律。但仅仅两个星期，他就断定自己的兴趣并非在法律上，感觉自己不适合当律师而广泛地选择各种喜欢的学科。三个学期之后，他转往康奈尔大学。他的心理学导论课的教师是冯特的学生——构造主义学派的创始人铁钦纳，但他很快厌倦了构造主义心理学的元素分析和铁钦纳的枯燥乏味。不久又返回纽约市立学院。1928年，马斯洛不顾父母的反对，和他的表妹，也是高中同学贝莎（Bertha Goodman）结婚，他们有两个女儿。马斯洛宣称，他真正的生命是从结婚和转学威斯康星大学时开始的，那时马斯洛20岁，贝莎19岁。马斯洛26岁时在威斯康星大学取得哲学博士学位，并留校担任讲师。1935—1936年他认识到整体论、动力论和对文化因素的强调，这三者之间有着本质的联系，可以结合起来构成一个比较全面的人格理论。第二次世界大战期间的1941年，他33岁，日本空军偷袭珍珠港后的几天，目睹市民的反抗和悲伤，深深意识到战争给人类带来的悲剧，下决心要研究人类有能力战胜仇恨和毁灭，认为通过心理健康者的研究就能促进这一事业的完成。战后马斯洛转到布兰古斯大学任心理学教授兼心理系主任，开始对健康人或自我实现者的心理进行研究。50年代中期他参加哈佛大学著名社会学家索罗金发起的“创造性利他主义研究会”。他们合作召开“人类价值新知识”讨论会，许多名人学者参加会议并发言，影响巨大，会上的主要发言由马斯洛主编出版，这是美国50年代最广泛的一次人本主义的社会学术活动。60年代初他联络观点相近的著名学者建立人本主义心理学会，后来归并为美国心理学会的第32分会。62岁的马斯洛死于心脏病。生前曾经担任过美国人格和社会心理学会主席和1967年的美国心理学会主席。重要著作有《人类动机论》(1943)、《动机与人格》(1954)、《科学心理学》(1966)、《存在心理学探索》(1968)和《人性能达到的境界》(1971)等。

二、需要层次理论

马斯洛的需要层次理论认为，人有一系列复杂的需要，按其优先次序可以排成梯式的层次，其中包括四点基本假设：已经满足的需要，不再是激励因素；人们总是在力图满足某种需要，一旦一种需要得到满足，就会有另一种需要取而代之；大多数人的需要结构很复杂，无论何时都有许多需要影响行为；一般来说，只有在较低层次的需要得到满足之后，较高层次的需要才会有足够的活力驱动行为，满足较高层次需要的途径多于满足较低层次需要的途径。马斯洛理论把需要分成生理的需要、安全的需要、归属与爱的需要、尊重的需要和自我实现的需要。从最低层到最高层的层次顺序如［9–2］所示。下面是五种需要的内容，其中从最低级到最高级的依次排列为：

生理的需要。对食物、水、空气和住房等需求都是生理需要。这些需要是维持个体生存和种族发展的需要，人们在转向较高层次的需要之前，总是尽力满足这类需要。

安全的需要。包括对人身安全、生活稳定以及免遭痛苦、威胁或疾病等的需要。

社交需要或归属与爱的需要。包括对友谊、爱情以及隶属关系的需求。当生理需要和安全需要得到满足后，社交需要就会突出出来，

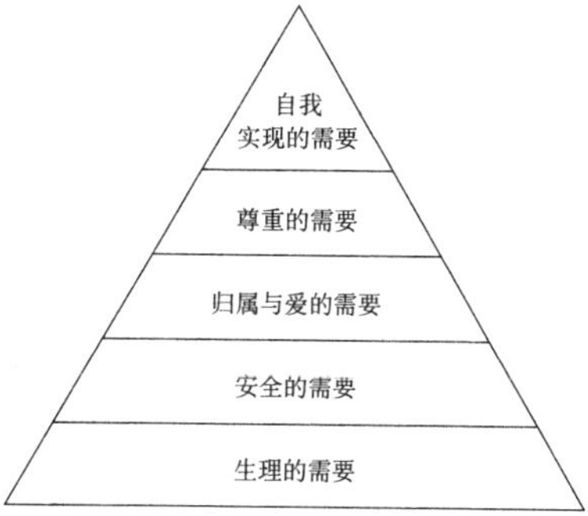

[9-2] 需要层次理论

进而产生激励作用。

尊重的需要。指对个人对自己尊严和价值的追求，包括两个方面：一是希望得到别人的尊重；二是个人对自己的尊重。这种需要得到满足，人们就会产生自信心，觉得自己有价值、有能力、有成就；否则，就会引起自卑感、无能感等。

自我实现的需要。指实现个人理想、抱负，充分发挥自己的潜能，成为所期望的人物的动机。各人的自我实现需要是不同的，有人想成为科学家、有人想成为作家、有人想成为电影明星或体育明星。只有实现他们的最高理想，他们才会感到最大的快乐。可是，他说："更重要的是，富有理想和崇高价值观念的人，会为了某种理想和价值而牺牲一切。他们是'坚强的'人，能经受非议和反对，顶住舆论的潮流，并能不惜个人巨大牺牲而坚持真理。"（引自马斯洛著《动机和人格》）

马斯洛指出需要的满足是相对的，在大多数情况下只能得到基本需要的部分满足；一种需要部分满足，新的需要就有可能出现；这个人的动机就有可能受新的需要支配，而且它们是逐渐发生的现象。例如，需要 A 只满足 10%，需要 B 还可能不会出现；但当需要 A 满足 25% 时，需要 B 可能出现 5%；当需要 A 满足 75% 时，需要 B 就可能出现 50%，等等。

三、人的潜能和价值

人的价值究竟是什么，和人的本性有什么关系？西方近代史上有三种不同的看法：自然主义者从自然科学出发在对人的研究中强调，人的感性经验；人本主义估计到人类经验的进化和整体性，其价值不仅包括感性以及认识的作用和结果，而且包括内部经验和动机，以及认识的作用和结果；本体论强调对存在本身的分析，包括对人存在于自然总体中所处位置的分析。马斯洛认为，这三种研究，虽然实际上彼此不同，但可以结合起来。他的研究就是以人本主义为核心，兼取自然主义和本体论两种研究的优点，以建立心理学价值论体系的尝试。

由于过去在解决人类各种伦理道德学说和价值体系的失败等原因，他认为这些原因是：

1. 从人自身的外部去寻求价值观念或道德意识的来源，如宗教的神学观；

2. 把社会文化和个人对立起来，强调社会对个人的约束作用，是价值观的来源，这是弗洛伊德的观点；

3. 虽然认识到人有内在的德行，但这些理论提供的论据，是不科学的，不全面的，或有这样那样的缺陷。

他认为，近几十年心理学的发展，已使人类第一次有可能科学地解决这一最古老的问题。马斯洛是从生物进化论和比较心理学的角度对人的内在价值提出论证的。他用潜能来说明人的内在价值，认为一种潜能即一种价值，潜能实现即价值实现。如健壮者喜爱运动，有爱的能力才有爱的需要。有智力的天赋才有创造的活动。他说："能量要求被运用，只有发挥出来才会停止吵嚷。"（引自马斯洛著《存在心理学探索》）

他的后期著作是把整体论，动力论和对文化的强调三者结合起来，并以生物学、比较心理学、实验心理学和神经生理学提供的资料为依据构成价值论体系的。这个体系可以概括为以下几点：

1. 人的本性是好的，至少是中性的，恶是派生的，是人基本需要受挫引起的。

2. 在生物进化的阶梯上，人有高于一般动物的需要。有智力的天赋才有创造的活动。

3. 人的需要和动机有高低不同的层次结构。

4. 高级需要包括爱的需要或社会需要，因此，人的自我满足和利他主义是一致的。

5. 创造潜能的发挥是人的最高需要，是人生追求的最高目的。这一目标的实现称为自我实现。
6. 自我实现和创造潜能的发挥本身就是奖赏，它是一种“高峰体验”，是一种极度欢乐的状态。
7. 健康人有自发追求潜能实现的内在倾向，并有以此为依据的自我评价能力。
8. 高级需要与创造潜能较低级需要（生理潜能）微弱，它只是一种类似本能的微弱冲动，不像动物本能那样牢固，它有赖于后天的学习和培养才能得到充分的发展。
9. 人的潜能和价值与社会环境的关系是内因和外因的关系。潜能是主导的因素，环境是限制或促进潜能发挥的条件，其作用在于容许人或帮助人实现自己的潜能。
10. 人的潜能和社会价值并无本质矛盾。人的需要的等级越高也越少自私。只有充分实现全部潜能或人性全部价值的人，才能成为自由的、健康的、无畏的人，才能在社会中充分发挥作用。

此外，马斯洛还在说到缺失性需要和生长性需要时提出，当一个人的生活目的是在于丰富和扩充生活经验增进生活的喜悦和欢乐时，他不但不求紧张的缓解，反而不断为自己树立新的目标使紧张程度升高上升到这样境界的人，马斯洛称为高度健康的人或自我实现者。马斯洛称这一类高层级基本需要为超越性需要，称生长性动机为超越性动机，即超越了一般人的动机或超越了动机一词的传统概念，人达到这样的境界似乎动机已不再起作用了。马斯洛说：“最高的动机是不用激励的。”也就是说，它是一种自然的、自发的人格发展，是人的“最高价值”，精神生活，人类最高的渴望与追求，它们都处在自然的领域中，因而成为科学研究的正当课题。

四、自我实现和高峰体验

马斯洛的自我实现概念，“强调完满的人经验为依据的规范标准，而不是只对特定时代和地区的人适用的，也就是说，和文化的相对关系不大”（马斯洛著《存在心理学探索》第一版序）。这里说“完满的人性”主要是指人的友爱、合作、求知、审美、创造等特性或潜能。这些潜能的充分实现称为自我实现。他认为自我实现的人具有的共同特征是：

1. **能认清现实并保持对现实的良好关系。**他们能对现实采取客观态度，不是按照自己的愿望看外界，而是按照它的本来面貌看它。
2. **能接受自然、他人和自己。**他们知道自己的长处，也承认自己的缺点；不护短，也不遮掩。他们同样也能容忍他人的缺点，承认这是人性的自然。但对于妨碍人性的缺点如懒惰、无思想、妒忌、偏见等十分敏感，总是引为羞耻，力求改过。
3. **自发、单纯和自然。**他们言行坦率，不造作，一切发自他们的自然本性，也不会为了一些小事做出伤害他人的反应。他们不故意违反社会常规，但如果他们认为是重要的问题也会毫不迟疑地抗拒习俗。
4. **以问题为中心的态度。**他们热爱自己的事业，能献身于事业，哲学家或科学家从工作中寻求真理，艺术家寻求美，法学家寻求正义。他们从事工作不是为了金钱、名望或权势。工作对于他们就是最好的享受。
5. **有独处和独立的需要。**他们不回避与人接触，但并不依赖他人，而是有所保留。他们能自己拿主意，做出自己的决断，按照自己的意愿行事。有时他们可能招致误解，被认为不够友好，实际上他们并不是有意如此。
6. **自主而不依赖环境。**他们不再受缺失性动机的支配，因而他们和环境的关系也能由被动转为主动。他们的发展是由内部的潜力推动的，不幸的机遇能损毁不健康的人，自我实现者却能处之泰然。

7. **能欣赏生活，有持续的新鲜感。**他们对于生活经验永不餍足。能无数次欣赏常见的晚霞、某一交响乐，或喜爱某种偏爱的食物。这些经验永远是新鲜的，引起他们欢乐的经验往往是日常的活动，这些经验五年后的感受和第一次感受几乎是没有差别的。

8. **有神秘的或“高峰”的体验。**并非所有高峰体验都极端强烈，也有较平和的高峰体验。健康的人比一般人有较经常的高峰体验，几乎每天都有这样的体验。

9. **关心社会。**对人有强烈的同情心，愿意帮助他人。他们是人类大家庭中的一员，关心其他成员，就像哥哥姐姐关心弟弟妹妹一样。

10. **能发展与他人的深刻关系。**他们有伟大的爱，深刻的友谊，能和他人打成一片，但他们与他人的关系虽然能更深地发展，数量上却不是很多的。他们的交往是有选择的，共同的价值观念是发展深刻关系的基础。

11. **民主的性格结构。**他们能宽容接受一切人，不论社会阶级、教育程度、政治或宗教从属关系、种族或肤色如何。他们的行为不限于宽容，而是以平等的态度待人。他们随时准备倾听他人的意见，虚心向任何有见识的人学习。

12. **能分辨手段和目的的区别。**在他们看来，目的比手段更重要。不健康的人认为是手段的某些活动，自我实现者会认为是目的本身。他们也能区别善与恶，正确与错误。他们有明确的伦理道德标准，并能在一切场合坚守这些准则。

13. **非敌意的幽默感。**一般人的幽默是嘲笑他人的或盛气凌人的。自我实现者的幽默是哲学的。它不是针对某一个人的，而是针对一般人性的。它富有深意，既引人发笑，又树立观点。它是思想性的幽默。引起的是微笑和理解，而不是失声的大笑。

14. **富有创造性**。自我实现的创造性是心理健康的一种表现，涉及我们对世界的认识和反应方式，不是专指艺术性的创作，从事任何职业的人都能显示创造性。

15. **非遵奉主义**。他们是自足和自立的，能独立思考和行动，顶住环境的压力。他们能保住内在的超脱，不受社会文化的束缚，在重大问题上能坚持自己正确的观点。

他认为，自我实现者也是普通人，也犯错误，也有普通人常有的弱点；但比一般人能更自觉地克服自己的弱点，更接近完满的人性。1972年他在《人性能达到的境界》中提出达到自我实现的八条途径是：

1. **自我实现意味着充分体验着无我的生活**。全身心地献身于某一件事而忘怀一切。这种体验的关键词是“无我”。

2. **自我实现是一个连续进行的过程**。在生活中可能有趋向防御、趋向安全、趋向畏缩的运动，但另一方面，也有趋向成长的选择，也就是选择自我实现的运动。

3. **人不是一块白板，也不是一堆泥或代用黏土**。人至少是他的素质、他的生物化学的平衡。这里有一个自我在显露出来，必须自己亲身体验。

4. **要诚实，不要隐瞒，遇到问题要有反躬自问的责任心**。每次承担责任，就是一次自我实现。

5. 以上四种不带自我意识的体验，能够一一做到这些小事的人，将能做出在素质上对他是正确的选择。要倾听自己的志趣和爱好，要有勇气而不怕这怕那。

6. 自我实现不只是一种结局状态，而是任何时刻，在任何程度上实现一个人的潜能的过程。要坚持锻炼，经历着勤奋的，付出精力的准备阶段。

7. 高峰体验是自我实现的短暂时刻的体验，要能丢弃这些体验，也要能设置条件使高峰体验更有可能出现。

8. 通过以上步骤，最后是发现自己的生物学本性，自己的先天本性，认为那是不可逆转或很难改变的。

自我实现就是这样的成长过程。马斯洛十分重视高峰体验，以及它和自我实现的密切关系。他认为，高峰体验是自我实现者特征之一的出现，在这样的时刻，人有返归自然，或与自然合一的欢乐情绪；而自我实现作为人的本性的实现是人与自然的合一，作为个人天赋的表现，也是人与自然的合一。因此，自我实现者能更多地体验到高峰时刻的出现。它可以是音乐家的一次成功演出，也可以是某一哲学或科学的真理的发现，也可以是家庭生活的和谐感受，等等。高峰体验可以是欢乐，也可以是宁静而和平的喜悦。自我实现是一个连续的不断发展的过程，趋向自我实现每一步都有高峰体验的出现。但是“实际上每一个人都有高峰体验的出现，但并不是每个人都能意识到它的出现……帮助人认识这些转瞬即逝的欢乐时刻是咨询家的一项工作”(马斯洛著《人性能达到的境界》)。

五、晚年著作

马斯洛心理学特别是他晚年的著作，为超个人心理学奠定了理论基础。他关于自我实现的以及超越者的人格特征的研究，促进了心理学对意识状态的经验研究。他晚年修订的需要层次模型是当代超个人发展理论的先导。将这种需要层次理论应用到工商管理、宗教、哲学和政治等领域，为后来超个人心理学的应用研究开辟了道路。

第二节

以人为中心：罗杰斯

卡尔·罗杰斯是美国另一位有影响的人本主义理论家和提倡者。他在长期的研究与实践中形成了独特的人本主义理论体系，提出了人格的自我理论，提倡患者中心治疗，发展了一种将心理治疗过程的描述和分析客观化的新方法。

一、生平与著作

卡尔·罗杰斯（Rogers, 1902—1987）是美国另一位有影响的人本主义理论家和提倡者。1924 年毕业于威斯康星大学。1928 年获哥伦比亚大学师范学院心理学硕士学位。1938 年在罗彻斯特协助建立了儿童指导中心，并担任中心主任。1939 年第一部著作《问题儿童的临床治疗》问世。这是在他的儿童工作经验基础上写成的作品，也是他开始对传统的暗示治疗法提出疑问。1940 年他到俄亥俄州大学任心理学教授，1942 年出版另一著作《咨询与心理疗法：新近的概念和实践》，公开提倡在咨询和心理治疗工作中采用非指示疗法，后来改成为患者中心疗法。1945 年转到芝加哥大学任心理学教授并主持该大学咨询中心工作，许多重要研究成果就是在该时期取得的。1951 年出版《患者中心疗法：它的实践、含义和理论》，书中提出人格及其变化的理论或称“自我理论”。

二、人格的“自我理论”

1951 年罗杰斯从自己的心理治疗实践得到的经验写出第一部代表性著作《患者中心疗法：它的实践、含义和理论》，提出人格及其变化的理论。其基本思想是人类有机体有一种天生的“自我实现”的动机，所有其他动机都是这种自我实现的不同表现形式。自我实现指的是一个人发展、扩充和成熟的驱力，也可以说是一个人最大限度地发现自身各种潜能的趋向。他在该书中说："有机体有一种基本趋向和努力，就是力求实现、保持和发展经验的有机体。"1959年出版的《在患者中心框架中发展出来的治疗、人格和人际关系》一书中他又进一步说："应该指出，这种基本的现实趋向是这个理论体系中提出的唯一动机。"

在他看来，人格就是一个人根据自己对外在世界的认识，而力求自我实现的行为表现。罗杰斯自认自己的思想，受马斯洛思想和格式塔学派提出的场论思想的影响。心理学的场论认为，人的行为不是由一个个因果链所塑成的，也不是由一个人过去形成的条件反应的总和所决定的，而是由构成整个心理物理场所谓的众力的联合作用所决定的。这种理论强调通过个体和个体操作于其中的场之间的相互关系来理解个体的人格。至于"自我实现"一词，最初是哥尔德斯坦的"机体论"认为，有机体是一个整体，它的任何部分的变化都影响整体，有机体是由一个主要的内驱力而不是由许多各自独立的内驱力激发的。这种主要的内驱力就是一个对实现自身天生潜能的不断追求。这个思想在精神分析家阿德勒的"追求优越"或"生活风格"的理论中已隐含着。罗杰斯接受了上述思想，认为人类有机体最基本的动机就是自我实现的需要。所有别的动机，无论是内脏性需要，或社会制约形成的需要，如艺术创造的需要，都是这种自我实现需要不同的表现形式。认为自己全部思想的基础就是，人类有机体是"积极主动的，自我实现的和自我指导的"。

罗杰斯的人格理论也受现象学派的思想影响。现象学派主张把心理事件或直接经验，按照自然呈现的状态来研究。他们反对把实际的整体经验还原为各个行为要素或经验要素，而着重于心理现象的整体描述。1951年罗杰斯在编写《患者中心疗法》前，把一个人内心世界或经验世界看作现象场，就是现象学派的观点。他还认为，现象是由一个人的知觉总体构成的，每个人都以独特的方式知觉世界，由于我们的现象场就是现象学派的观点，所以我们的现象场是不尽相同的。个体是按照自己对环境的知觉及其对知觉的解释做出反应的，他说："人是根据本身并非现实的知觉'图'来生活的。"并且认为，决定人的行为的，特别是决定健康人的行为的，主要是那些意识到的或可能意识到的知觉，也包括他意识不到的知觉。虽然现象场是每个人隐私的内心世界，但是我们可以通过每个人的知觉及其对知觉的解释，了解他的隐私的内心世界。1964 年他进一步主张应把现象学作为人的科学的基础。同时，肯定现象学可以用作一种主观现象理论的方法。

他把知识分为主观的、客观的和人际关系的三类。主观的知识是指通过我们自己内部参照框架获得的知识。客观的知识是对照别人的观察认识到的知识。人际关系的知识，也称现象学的知识，也就是站在别人的立场上用他的观点去理解他的现象场，并认为这种现象学的知识应该是心理科学合法的和必要的组成部分。心理学应该同时容纳这三种知识。罗杰斯从上述思想出发提出人格的"自我理论"，认为一个人在自己发展过程中，由于与环境交互作用，逐渐把"自我"与环境分化开来。这样，他便开始自觉到在他的整个经验中包含着"自我"这部分经验。"自我"是罗杰斯人格结构的重要概念，是整个现象场中与我们、自身相联系的那部分知觉，及其附着的意义。它是被个人看作"自己"的主格的"我"和受格的"我"的那部分的现象场。他说，"自我"指的是"那些有结构的、和谐一致的概念格式塔，其组成是对于主格我或受格我的特征的知觉，对主格我或受格我与他人和生活的各个方面的关系的知觉，以及与这些知觉有关的价值观念"。

罗杰斯还提出"理想自我"概念，认为一个人的自我概念和他的理想自我概念和谐一致是人格健康发展的标志之一。作为他人格的自我理论基础的自我概念有四个特点：

1．将自我概念看作对自己的知觉，因此遵循一般知觉规律，可以纳入传统的心理学基本体系内容中。

2. 自我概念指的是有组织的、连贯的有联系的知觉模型，具有相对的稳定性，是一个“有结构的、和谐一致的‘概念格式塔’”，甚至随着新加入的知觉要素而变化，但仍保持它的格式塔的性质。

3. “自我”不是指我们内部的一个小人，不是控制行为的主体。

4. “自我”作为一个经验整体的模型虽然也包含无意识的东西，但主要是有意识的，或可进入意识的东西。

如果一个人的经验（包括自我概念和实际经验）同他天生的自我实现的趋向相一致，他就会产生一种积极的经验；如果不一致，就会产生消极的经验。一个人的行为产生积极的机体经验，同时又受到人的积极评价或尊重时，他的人格便容易正常地发展；反之，当一个人体验到自己的想法和行为，如果不能满足“受尊重的外加条件”，他得不到他人的尊重时就会产生焦虑情绪，并可能采取某种防御机制，歪曲或回避真实感情，引起人格的混乱。如果一个人能够不附带任何外加条件地受到尊重，他就不会产生那种只有按照别人事先确定的方式去行动才能受到尊重的感觉，他的自尊心也会是无条件的。他的受尊重和自尊的需要与他的机体体验就不会发生冲突，这个人在心理上就适应得比较好些，其人格也容易得到健全的发展。反之，当一个人意识到自己的想法或行为不能满足“受尊重的外加条件”就得不到他人的尊重时，他便会产生焦虑情绪，为了避免这种焦虑情绪，他可能采取某种歪曲或回避真实感情的办法，以求缓和受尊重和自尊的需要与机体经验之间的冲突。这样做的结果可能引起人格的混乱。著名的中国心理学史家高觉敷指出：“罗杰斯在这里把个人的需要与社会的客观需要完全对立起来，并且用这种对立来解释人格混乱，显然是十分错误的。”（高觉敷主编《西方心理学的新发展》）

罗杰斯根据上述人格的自我理论，提出一个健康或充分发挥作用的人具有八项特征。它们是：

1. 以开放的态度对待经验。
2. 这类开放经验都是个体能意识到的，不是被压抑于意识阈之下的。
3. 这种人能更加自觉地获得与现实相一致的经验。
4. 他的自我概念与他的整个经验是和谐一致的，并且在对这些经验的同化过程中灵活地更新。
5. 他没有那种“只有满足受尊重的外加条件才能得到尊重”的感觉。
6. 他会以一种强烈的行为方式适应每时每刻发生的新经验，而不是墨守成规。
7. 他能够做到同别人和谐相处，因为相互间的尊重起到一种强化这种和谐关系的作用。
8. 他相信自己的机体评价，是指导其满意的行为的可以信得过的依据。

三、患者中心疗法

患者中心疗法不同于精神分析治疗，是把病人当作受辅者或当事人，动员其机体内在的潜能进行自我理解，改变对自我和对他人的看法，产生自我指导的行为，达到自我治疗的目的。起初在 1942 年罗杰斯用一种叫作非指导式咨询或非指导疗法。在治疗过程中，咨询者既要提供一种非常适用的心理环境和心理气氛，又要帮助受辅者澄清自己的思想，还是具有指导作用的。因此 1951 年把它改为辅导者中心疗法，罗杰斯认为，咨询者在和对方接触过程中，不应把对方当作病人，而是应该享受同等权利的参与者。治疗者重在鼓励受辅者自己叙述问题，自己解决问题。1974 年又改为“以人为中心疗法”或当事人中心治疗法。在他看来，这种治疗方法的关键在于咨询态度和咨询气氛。成功的咨询必须具备三个条件：

1. 真诚一致。

2. 无条件积极关注，设身处地地理解内心世界。咨询者应该敏感地倾听和设身处地地理解受辅者当时的心境、痛苦、恐惧等情绪，帮助和鼓励他更充分地、自由地加以宣泄，表露其隐藏在心中的郁结，既可以认识自己问题的所在，又可以使自己的人格和行为发生良性变化。

3. 为当事人创造一种和谐的气氛，与当事人建立一种相互信任、相互接受的关系，帮助当事人理清思路，逐步克服自我与理想间的不协调，接受和澄清当前的行为和情绪问题，达到自我治疗、自我成长的目的。

本章小结

20世纪五六十年代出现于美国的人本主义心理学，被称为行为学派和精神分析之外的西方心理学中的第三势力，批驳了行为学派的机械论和精神分析的病态论，为恢复以研究人类本性为心理学的对象，做出了历史性的贡献。人本主义心理学，与生物学、行为主义、精神分析、认知心理学一起，以理论多元化的视角来解析人的心理及其行为的机制，并且从组织上、教学上和科研上已被正式纳入学院心理学，在心理学界已赢得了一席之地。但是，国内外对人本主义心理学的具体事实证明，评价却是褒贬不一，在短期内恐怕很难得到共识。目前，主要有三种评价：

1. **重大变革论**。持这一种观点者，多数是从宏观整体的纵向视角进行评价的，其中既有心理学史家和理论心理学家，更有前辈人本主义心理学家。他们深刻地批判了西方心理学第一和第二势力机械的与生物的两种非人化的还原论，直接将心理学回归于人性科学的本来面目，必将从研究对象、方法和理论上导致心理学中一场新的革命。这种看法对人本主义心理学的贡献给予高度肯定，但对其带有科学性的问题、缺陷往往估计不足。
2. **怀疑否定论**。持这一种观点者，大多数是从学科性质（心理学是科学而不是哲学）、研究方法特别是科学主义视角来进行评价的，基本上都是实验心理学家。他们把人本主义心理学视为“诗人的或哲学的心理学”，认为其本身的概念比较模糊，研究方法不精确，科学性不强，有些基本观点已包含在完形心理学理论、整体论和机体论心理学之中。这种看法，虽然抓住了人本主义心理学的根本弊端，但是由此怀疑人本主义心理学取向独立存在的价值，把人本主义心理学与科学心理学截然对立起来，低估、轻视和排斥人本主义心理学也是不可取的。

3. **重要补充论**。持这一种观点者，主要是从以科学心理学为主体、以人本主义心理学为补充的视角进行评价的，其中多数是持折中、兼容、统合立场的心理学家，也包括一些比较严谨的心理学史和理论心理学家。他们认为，人本主义心理学在对学科性质、研究对象、方法论和未来心理学发展战略诸方面，提出的问题极为重要，有些属于高瞻远瞩、真知灼见，给人的启迪很大；但是他们往往理论研究多于具体研究，特别是缺乏有力的实验或经验支持。虽然对人本主义心理学做出全面而准确的评价还为时过早，但它不失为科学心理学的一个重要的补充。

上述三种评论各有道理，既不能评价过高，也不能低估其影响。从总体上讲，人本主义心理学的贡献是重大的，带有变革性的，当然它的局限也是根本性的，不可忽视的。

SECTION 11 第十一章

Physiological Psychology
生理心理学

奥尔波特和莫里的人格理论都说到神经心理方面的知识。那么，当代的神经心理学及其有关的研究情况又怎样呢？本章分两节做些介绍。

第一节

行为诞生于神经元之间？

赫柏（Hebb）是一位加拿大生理心理学家，他的工作是论证如何用生理学的理论和资料回答由心理学提出的问题。1949 年他出版了《行为的结构》，试图模拟神经细胞的联结结构和机能。这本书曾给人们留下深刻印象，因为它的假设是在控制论应用于心理学模拟之前提出的。

一、赫柏神经心理学的一般理论

赫柏研究神经心理学由智能和行为的大脑机能开始，是从联想主义考虑问题的。他虽然同意格式塔心理学把脑活动看作场的模式，但不同意把脑的一部分活动模型和另一部分模型相等起来的格式塔观点。他认为某些区域由基本结构确定特殊机能，但对赫尔和其他新行为主义者提出脑机能专一性假设持异议。赫柏自己的主要思想是从神经元之间的突触联结推演出细胞团和时相序列作为他理论的中心概念的。

他把神经结构分为两种：一种是多分子单位，这是指单个神经元之间的联结，他叫细胞团。另一种是多克（大）分子单位，指的是细胞团之间的联结，他叫时相序列。他说：研究方法是把一些心理学的经验资料，用来模拟神经结构的模式，然后通过生理学方法进行实验形成理论。因此他依据这种假设提出的原理并不是心理学的，而是生理学的。这种原理有以下四条：

1．神经元间的联结，这是最基本的原理。他认为，一个特殊的神经元可以和邻近几个神经元发生联结。这些神经元联结起来后，邻近的神经元可以随着这一神经元的活动同时活跃起来，这样各神经元之间的联结就越来越加强和它的关系。他认为，这种联结的形成和加强是由以下几种方式引起的。①整个神经元可以按神经向性同时活跃并向相反的方向生长。②可以改变联结结构或者神经元间的突触。他声称已经发现，在神经元轴突和邻近的树状突之间构成了神经节。神经节像是突触之间的桥梁，它促进了神经传导。③神经联结因神经系统分泌激素而加强，例如肾上腺素、去肾上腺素和乙酰胆碱。激素能促进一个神经元向另一个神经元的传导（[10–1] 表示活跃的突触胀大后，在泡囊中的化学递质或激素开始释放，把信息从纤维传送给细胞）。④神经联结也可以像突触节的突触细胞那样暂时释放出神经递质。这样简短时间内的释放，使突出的细胞体更适合它们像变形虫一样生长，从而加强了神经元之间的联结。

2. 由两个神经元同时激活而加强的联结结构并不是唯一的，因为只要同时一贯地被激活的几个神经元都能够彼此变成强烈的联结，以至于它们之间形成一类模型。按照这条原理规定只要这个模型中的一个神经元被激活，就能激活和它邻近的神经元，即使这些邻近神经元当时可能并未被刺激激活。因此，身体上形成的那些亲近模型不如暂时联结起来的模型重

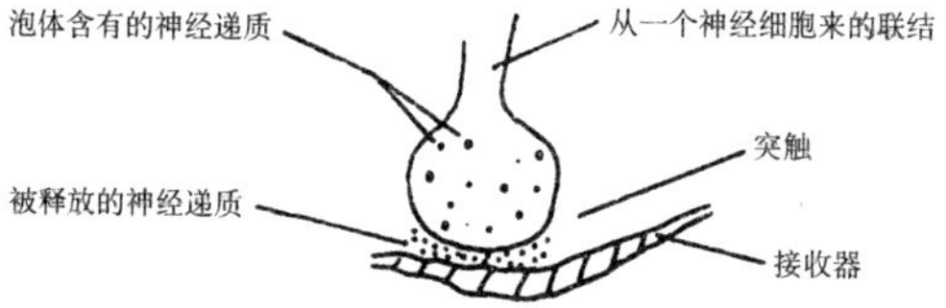

[10-1] 从一个神经细胞到另一个神经细胞体的树突之间的突触模式图

要。因为除非它们是联结起来了的，这些神经元就不会向邻近的神经元叩击。相反，如果它们以前是同时被激活过的，那么即使神经细胞之间的距离很远也可以被激活。这样一些相互联结的群，按它们复杂程度的不同，被称之为细胞团或者时相序列。

3. 许多看来好像是成人的天赋或者本性的东西，通过严密观察可以表明是婴儿期学习的结果。赫柏认为婴儿的学习、知觉及其动机和成人不同。婴儿早期生活的几个月是学习如何去知觉和解释刺激。当有机体学会解释刺激的细微变化时，才能逐渐用同样的方式，按一种特殊方法引起动机，并开始去概括生理机能上的协调。所以学习过程是因学习要求而有差别的。婴儿学习认识刺激，成人学习刺激之间的关系。婴儿学会如何对刺激做出反应，成人学会如何在刺激中做出选择反应。

4. 有机体设法维持体内稳定或平衡。赫柏认为，神经元活动模型之间的冲突，是由于矛盾的刺激，或者环境中缺乏特殊作用而导致机能失调产生的。最后，由于行为改变了环境，使有机体保持着体内稳定或平衡。赫柏就是应用以上这些假设性原理去解释意识、感知觉，辨别和思想乃至人格的。

二、赫柏联结主义神经心理学的基本思想

■ 意识

赫柏把意识看作长期持续的中枢过程，也是一种组织和调节行为的自我维持过程。意识具有选择性和目的性的特征：凡是熟悉的事物似乎能迅速而顺利地引起神经模型回路的活动，不需要有意识的努力。对于大部分未建成模型的神经来说必须有意识的努力。可见赫柏的意识机能概念和托尔曼的类似。托尔曼认为出现某些问题或者必须做出

某种决定时引起意识活动。也只有意识介入知觉和认识过程时才能做出决定。但是，又是谁使意识做决定呢？正像斯金纳批评托尔曼时指出的那样，除非头脑里还有个小人在操纵着意识。就是说，赫柏的神经心理学并未能解决意识主动性问题。

■ **感知觉和辨别**

除了大脑感觉中枢在结构上有少数确定因素外，赫柏认为感觉经验是个体必须学会的资料。除了感觉资料以外，还有从日常生活经验来的大量非感觉的影响，这些资料和影响决定了知觉。学习就是一种知觉什么和怎样知觉的长期过程。

赫柏的知觉学习理论，大多数是从视觉研究概括出来的。视知觉不仅涉及各种刺激，而且还涉及各种运动过程。在初次和最初几次看事物时，眼睛不仅必须记录下视网膜上的东西，而且还留下关于眼睛追踪刺激移动的痕迹。例如，一个人正在看一个三角形。他看到三条线，他的眼睛还移动着，婴儿就是依靠眼睛的追踪活动学会知觉和辨别形状的。

在讨论知觉的进一步发展时，赫柏再一次说到视觉。他认为在大脑接受刺激的那一部分，也就是在刺激撞击视网膜上个别单位时，通过神经放电表现出刺激的每一方面，是以心物同型或者地形学的方式表现出来的。但是，在这个入口点之外的区域，无论是神经元之中，或者刺激留下的模型都没有这种结构。赫柏假定这种视觉模型结构是借助于若干神经元伴生的放电表现出来的。在几个神经元几次同时放电之后，就形成一个细胞团。这种过程是脑的一切视觉中枢具有的特征，在高级中枢，代表某些视觉刺激的细胞团和代表其他的感觉、情绪以及有机体生理状态的细胞团发生联系。觉醒这些细胞团及其联系，就是认识刺激意义和预测刺激已经发生的根据。继续由越来越复杂的神经元群组成的细胞团模型，赫柏称之为时相序列。这些时相序列多少和知觉是同义的。例如，代表三角形知觉的时相序列包括由图形的每个方面：线和角，以及伴随它的眼动激活细胞团放电。这种信息或者时相序列对于一个婴儿认识三角形并且使它和其他的东西配对是足够的。越是成熟的人，时相序列越复杂。因为它将包含细胞团和三角形的词及其观念相联结，还包含过去经验和三角形的本性相联结，时相序列甚至还能够产生更为复杂化的知觉结合。

赫柏认为刺激的稳定性对有效的知觉是重要的。刺激模型越稳定就越易于使知觉和刺激同一。如果刺激是极不稳定的，那么每次被激活的细胞团所经验到的刺激也就不同。每次刺激再出现都再激活所有被激活过的细胞团。一个特殊的知觉是一组特殊细胞团活动的结果。因此，它的形象根据这些细胞团或者某些别的组是否被激活而变化。由于每组细胞团依靠刺激和过去经验可能同时产生某些知觉，所以，每种知觉同样有产生的可能。这样复杂的知觉几乎总包含有几种可能，越复杂或者越不稳定的知觉，包含的可能性越多。这就如神经学上说的，需要长时间组织知觉。而心理学家则说，要长期学习知觉。

■ 思维和记忆

赫柏提出，思维是一个人在对环境的关系顿悟基础上建立假设的过程。改善了顿悟，也就改善了假设，从而假设就越来越有效，含有学习的假设得到改善，和改善一般的顿悟—假设过程实际上是和学习一样的。由学习分化来的思维和神经系统中暂时变化的结果比较相似，只是学习产生持久的变化。赫柏认为，思维可能还包含神经细胞突触

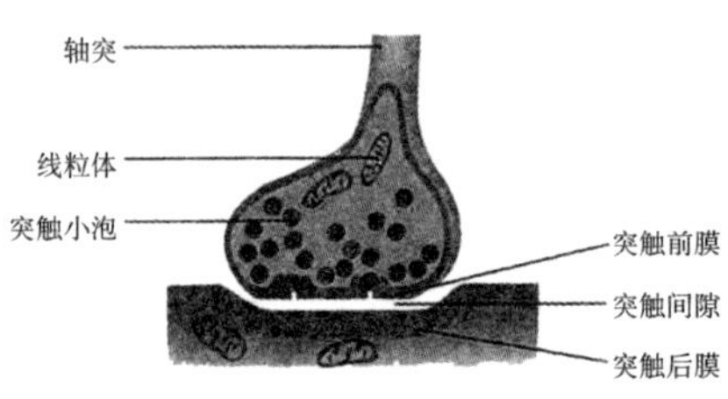

[10-2] 突触

上暂时生长节的变形，因为细胞物质的暂时释放和每一方面的突触节生长相似。

赫柏认为记忆（和学习）也能够通过突触节来解释。他说可以想象得到，记忆不是设法寻找浮现在心灵周围的事，而是促进头脑中某些神经元，或细胞团或时相序列之间联结结构的改变。曾经有这样的假设，记忆是以突触节的出现为基础的。遗忘最容易被理解为由于不用使这些神经节消失。赫柏把这种假设和较一般的信仰相对照：遗忘是由于新的学习材料和对早先学习的回忆相互干扰的结果。他也把遗忘解释为抑制过程。

■ 情绪和动机

赫柏承认有两种普遍类型的情绪。有愉快感的这类情绪在加强机能作用时，保持或者增加原初的刺激。另一类是厌恶情感，例如愤怒和害怕。厌恶情绪是极端无组织的，因为它们毁坏皮质的模型，是和那些已经部分激活的时相序列不能相容的。因此，直到这部分时相序列或另一时相序列变得强烈到足够占优势，也就引起回避或减轻厌恶和继续原初的活动。如果某种事情发生，没有减轻厌恶阻止回避，那就形成情绪失调。

除了愤怒害怕之外，痛苦也可以引起情绪紊乱，因为它不仅刺激厌恶情绪，而且毁坏那本来健康的皮质结构通路。但是，当痛苦已变成有组织的神经模型的一部分时，就不再有这种紊乱作用。例如，动物实验已证明，当有痛苦的刺激被使用来作为指向正确反应的线索时，在迷宫或者其他实验室装置下的学习就有效。在后一种情景下，痛苦已用某种方式改变了它的品格，使它变成有组织的神经活动一部分的结果了。

另一种情绪障碍过程是在身体过程中发生的。赫柏认为，为了维持大脑顺利地操作，必须保持一定的活动水平。他把这说成是皮质机能的感觉易化或促进。因为总的说来，皮质机能的适宜水平是借助于感官对环境中无数刺激的反应冲动促成的。这种作为中枢神经系统原始装备发挥作用的经常冲动，也许和自动能量的转递更类似。它恰好和能开动汽车的能量相像，只有当司机准备发动某种速度的马力时，汽车才能运转；脑子也要达到一定活动水平才能运转，如果它必须处理能力所不及的事而使它缺乏促进作用，那么整个机体就引起烦恼。除非直到神经系统“改变发动的准备”产生一种适合于新水平的组织。失去促进作用的原因，或者由于感觉剥夺，或者由于改变了作为激活系统的脑的那些部分导致了情绪障碍。实验已经表明，黑暗中孤独的人，长时间忍受房间内的声音和接触笨重的手套、厚厚的外套保护时，不久就会发现他的机能发生严重的分裂。人们停留在这样的环境里超过几小时，就会体验到幻觉或者其他的奇妙现象。

最后，血液中的化学变化也是情绪失调的一个原因。在血液中由于疾病或者药物有毒引起化学变化；生理上的剥夺如缺乏食物或缺氧，或者影响神经元的其他任何强的驱力，都会改变它激活模型的能力和损伤皮质组织而引起情绪失调。

关于神经过程驱力的作用，自然地使赫柏考虑动机学说各方面。动机相当于皮质机能模型，是一种有结构的时相序列，借助于特殊的方向和内容并力求稳定是这种序列的特征。例如动机调节序列行为，指导行为趋向确定的目标，在先前接触过的期待系统上选择各种目标都属于这种序列的特征。

赫柏假定有一共同过程是一切动机活动的基础，他称这个共同过程为中心动机状态。他说过，每次生理剥夺都在肉体中引起化学反应，且通过这反应影响大脑。大脑不顾剥夺的性质唤起一种类似皮质混乱的模型。动机的个体性也许就是这种分化了的特殊剥夺的生理效应的机能依赖于生理紊乱的化学和机械的后果，有些时相序列被激活，有些没有被激活，动机或缺乏动机就是在皮质组织加进一般影响发生的。

实际上，动机和促进随后出现的生理过程与行为的感觉刺激无关。

人们之所以容易把某种刺激错看作内驱力刺激，是由于血液里影响脑的同一化学变化也影响身体的其他器官。例如饥饿时的胃收缩不是饿的原因引起的。而只是和机体的一种特殊化学状态直接有关。在表面看来，好像是由特殊的内驱力刺激引起的，但实际上是由于剥夺作用伴生的一种更一般的剥夺的影响引起的。然而，动机使有机体对某种刺激发生敏感作用，因为这种刺激和有机体的满足相适合。使有机体极留神地注意这些刺激，比注意到其他刺激来得快，反应也强烈。

如果一种动机状态持续到一定时间而无结果，许多细胞就会瓦解，不可能以一种组织的方式成为综合的机能，在这点上综合的组织水平就发生改变。这种水平上的改变是逐渐影响整个神经系统的。例如，如果胃已成为低水平活动的稳定状态的综合，那么有机体就不再对进食有兴趣，除非某种东西强使它吃。觉醒和睡眠也是动机引起的现象。觉醒的神经学好像是以感觉、运动以及认知事件为背景的机能和脑内散乱着的泛化活动相关。神经上的活动促进这些事件的出现，因为没有神经活动的伴生，这些事件就不可能产生。在睡眠过程中，散乱的活动似乎减少而神经细胞放电达到高度的同步，或者正像赫柏称它为组织敏感。在睡眠同步和觉醒同步之间出现的有类似情绪失调的状态，那是由于两种组织的水平矛盾产生的。

■ 学习过程的本性

赫柏认为，学习是在两种或者两种特殊的神经结构之间的最后改变，这种改变促进了它们之间的相互作用。学习过程在婴儿和成人之间是不相同的。

婴儿必须学习把个别的神经单位组织成细胞团，然后组成时相序列。由于学习是适应生活的开始，婴儿期的学习是缓慢而低效果的。缓慢不是由于缺乏动机，而是需要建立基本的知觉。赫柏提出，早期学习的速度可以由皮质联合区的全部大小和感觉皮质的全部大小的比例预测。在一个有较大区域的有机体中缺乏感觉中心，只有脑的小部分涉及联想，因为没有为较复杂的关系建成的区域，学习可能迅速发生。由于为了建立知觉，有较大联合中心的有机体学习缓慢。许多复杂的联结必须在联合中心形成。这种复杂性的最后结果是形成关于环境细微的和各种特征的知觉能力。对比起来，后来的学习是不连续的。它包含领悟客体、刺激、时相序列等之间的关系。只要我们见到环境中的关系就立刻完成学习。当然，存在着改善和精细这种领悟的可能性。

成人学习包含领悟当前环境中的关系。在生理学上，领悟可以和从细胞团到时相序列，又从时相序列到更复杂的模型的联合相等。形成这样的联合是由于一个或更多的细胞团或时相序列是同时活动的，因而创造起它们之间的联合。在心理学上，顿悟可能和由联结、一种需要智力操作的东西所代表的意义关系的理解是相等的。顿悟过程是按一切种系发生的水平建立起来的，但是它因不同的有机体而不同，简单的动物只能有简单的顿悟。

赫柏所理解的顿悟和格式塔学者理解的意思不同。赫柏的理论不包含突然出现新的概念。它相当于使用早期的学习去理解当前事物的可能性。顿悟是假设的基础，它或者是对以前经验回忆的期待，或者是建立在当前知觉材料的预想上。因此，顿悟需要经验和智能。

■ 行为和人格

赫柏长时间讨论简单行为，而关于人类活动的高级过程和人格没有什么见解。他假设他的描述可应用于所有行为的概念，是一切涉及较复杂的时相序列结构的复杂动作。行为被想象为一系列自我与保存的由许多组的细胞团构成链条或序列。赫柏假设，这些序列是依靠存在着许多系列神经元挂钩状的反响回路作为自我保存结构造成的。这些神经元的相互关系是，只要序列中的一个神经元被激活，其他的所有神经元也就活动起来，致使激活序列中的第一个神经元，那么最后一个神经元也就活动起来。因此，在有结构的模型之内有一个序列觉醒就唤起所有其他序列。这是由建立得好的行为锁链表现出来的结果。赫柏的理论和任何其他理论一样，受到的评论褒贬不一。有人认为，他的联结可以取代巴甫洛夫关于暂时联系的兴奋和抑制及其扩散和集中的设想，而得到当前神经生理中实验研究的证明和支持。但是也有人说，赫柏的假设有事实可以证明的少，没有证实或者无法证实的设想更多一些。例如，他否认先天结构过多，而后天获得神经细胞团和时相序列究竟在心理学上是什么，他非但未说清楚，也无法证明。不过就赫柏的思想倾向看，是属于经验论联想主义的，可以说，他是继桑代克之后为神经心理的联结主义做了进一步的生理心理学的解释。然而所有上述的解释仍然只是生理和心理一对一的比拟，至于生理上究竟如何引起心理的内部过程，仍旧不得而知。这说明心理学的神经生理研究还有很长的路程要走。在最后的一节里，我们试图从生物化学做点说明，反映了在赫柏之后又有许多进展。下一节将先介绍舍里（Selye）的内分泌学及其对心理学问题的有关理论。

第二节

舍里关于内分泌和紧张反应的理论

关于紧张引起疾病的问题是精神治疗和医学上的一个麻烦问题，也是生理心理学注意到的问题之一。在舍里看来，所谓紧张是指刺激量超过了肉体器官，也是超过神经系统的局部或全部的负担引起的。因为超过机体负担的刺激，如果长期持续或继续增加，就会破坏机体组织以致结构分裂瓦解，造成持久性慢性病或者急病。然而所有这些内部过程，病人自己是难以了解的。

到了20世纪四五十年代，人们发现一般的紧张和有特殊症候的紧张在表现上有所区别。特殊的紧张表现在一定器官或者身体某一部位上的精神发泄，因而引起病人受到威胁的反应。后来进一步研究发现，这种发泄和反应可以通过实验制造紧张将其诱发出来，也可以通过长期观察生活史，了解病人在特殊时间和特殊地点身心发作的紧张表现。例如，沃尔夫观察了一位通过手术后用食管喂食的病人。发现病人的情绪紧张时，提高了血液流量、盐酸流量以及运动性亢进等症状。但是，所有这些实验和观察都是很零散的，缺乏更多事实资料和理论概括。其中比较有系统的是舍里的紧张阶段性发展理论。

一、舍里紧张学说的产生和形成

舍里的理论是从内分泌学、生理学和医学以及有关方面综合出来的。1950年舍里发表了《紧张发泄的生理学和病理学》，从有机体对紧张情景的反应中研究了有关心理学和精神病学问题，提出其中不仅含有生理疾病和创伤，而且还有心理的焦虑、烦恼和情绪冲突。

舍里最初的紧张观念是从医学研究中得到的。他注意到，不管什么疾病的特殊性质，总有许多共同症状，例如身体发烧和减重以及普遍有不舒服感。不过，关于这些症候的共同性意义，直到后来他在研究内分泌学不久才逐渐重视起来。当初他认为这是一种激素在起作用，那是他给一位刚刚感染上疾病的被试做实验时观察到和想到的。此后，舍里考查了激素的组成成分，发现这些症候的出现并无特异性，因为给病人注射任何东西都产生同样的效应。后来经过思考、观察和研究，确认这种无所不包的影响并不是通常激素特性所能解释，而是有机体在特定情况下发泄紧张的结果。于是舍里进行了长时间研究，形成了他自己的理论。

首先，舍里假定行为对紧张有一定的依存关系。为了诱发出生理紧张，他把刺激物注射到动物的局部皮肤下，把反应限制在有机体的某个特殊区域。最后，他得出了一条基本原理，即任何机体对紧张刺激的反应，是通过再组织其生理过程和心理过程的方式做出的，它尽可能把紧张刺激限制在身体的最小区域内和其他区域分开界限。与此同时，有机体为了在面临紧张时还能维持正常状态，它必须调节生理和心理机能。

由于舍里预先确定的研究范围只局限于紧张对有机体行为的影响，因而对意识、感知觉、认知和情绪、动机等通常的心理学课题未曾专门研究，而把注意力集中在生理现象和它们在行为的效应上。因此，下面只能简介舍里在行为和紧张方面的心理学课题。

二、关于舍里的紧张发展阶段性理论

舍里把紧张的影响限制在身体的最小区域或者器官的局部，例如手指上肮脏的裂缝、皮肤的腐蚀因素等。如果这种局部紧张引起的局部反应不能加以限制，那就传播到越来越多的器官乃至身体其他部分或全身。舍里把这种紧张状态影响到整个有机体的现象，起初叫作“一般适应综合征”的序列反应。通过这种序列反应，舍里不仅注意到短时的反应，而且研究了在紧张不断增强的条件下，在长时间的反应过程中，从适应开始到正常机能遭到破坏期间紧张反应的发展及其阶段。舍里把紧张反应的发展分为四个阶段：

1. **惊恐阶段**。它是通过改变内分泌腺、肠道和其他器官系统伴生的。
2. **适应或者抵抗阶段**。随着紧张的持续，有机体逐渐出现正常状态。这是依靠上一阶段的种种改变补偿了紧张，随着出现正常的机能表现出来的。
3. **衰竭阶段**。如果紧张情景持续时间足够长，或者足够分离开破坏了的适应过程，那么衰竭阶段就已到来。舍里指出，这个阶段的生理反应像惊恐阶段反应一样，只是显示出较多的外倾和内倾的行为表现。

4. 如果上述的紧张情景仍继续，那么有机体就会死亡或者形成某种疾病。

舍里认为，惊恐阶段的生理反应是有机体对危急情景的典型反应，是有机体预备向威胁抵制、前进或者从威胁退缩的预发反应。这些反应借助于脊髓两侧的交感神经系统相互作用产生的，长时间来人们把它看作“战斗或逃脱”的综合征。这是紧张反应的第二阶段抵抗包括积极的攻击和消极的保护两种行为表现。这是随着第一阶段体内的“战斗或逃脱”因素继续发展的反应，实际上是同一种防卫手段的不同表现方式。因为积极的攻击型反应结果：或者失败，或者除去有害的原因和逃跑或其他保护运动。总之，最后的结果都是有机体对紧张威胁的防卫。

舍里指出，上述情况是体内的皮质激素出现后产生的。它激活初起的预备反应，即实际上的一种防卫反应。这种皮质激素有两类：一类可以激活那些潜伏着的动作，例如发烧以及改变血压与肺、胃、肠和运动的反应。另一类可能激活保护活动，例如减轻发烧和各种保护反应相应器官的某种变化。这两类激素在体内数量上的改变是和神经生理及其生理行为协调的，具体地说，任何一次紧张总有一类或者另一类激素占优势。

舍里认为，优势激素模型和行为反应的协调依存于体内条件，其中包括遗传和过去经验。一方面，有机体的遗传因素决定了产生激素的能力；另一方面，过去的经验可以按照某一方式改变产生这种激素的基本能力。除了体内条件外，还存在着外部条件作用的因素。例如，饮食、气候和毒物都可以影响激素的平衡。在紧张反应发展过程中，这些内部和外部的因素既可以提高作用，也会遭到破坏。如果破坏它们，最后就会在攻击和保护这两种适应模型中表现出不平衡，有机体则出现了某种病理现象。在这种情况下，即使激素中出现很小的偏颇也会使正常机能分裂，而导致发病。这种在激素中失去平衡的偏颇，削弱了恰当的适应性反应和紧张战斗能力的情况是可以从有机体的适应性疾病中得到证明的。舍里指出，这种情况产生的原因是由于对紧张做出了不恰当的保护性或者防卫性的反应，以至于这些反应在数量和时间上都超出了应付紧张的负担。例如，有机体在持续的防卫动作中，最初的反应可能是适合的。但是，身体无能力中止紧张反应的过程，因而延长了保护动作的额外需要，随之而来的就是积极防卫反应的瓦解，开始了消极防卫，即出现保护性的适应性疾病。这类疾病可以包括糖尿病、变态反应、神经官能症和精神病。因此，他认为紧张反应的第三阶段即一般适应性综合征阶段是由于机体的积极防卫机能衰竭的结果，也就是机体内部的损伤，破坏了一般适应性行为的结果。

舍里对上述紧张反应的起源和发展的发现，使他注意到了过去某些治疗方法的不恰当。因为从他的上述理论来看，那些古老的治疗方法，例如使用威胁、恐吓，电震荡和胰岛素昏迷等，其实是会产生更强烈的适应性反应，而业已出现衰竭的病人是不堪负担的。或许也正因为这些缘故，原来比较粗暴的治疗方法，也就日益在医学的舞台上逐渐消失了。

可见，舍里的内分泌学和紧张反应的理论是情绪性疾病诊断治疗和生理心理学理论的结合，已涉及心理行为的生物化学领域，而后面这一领域正是 20 世纪 60 年代以后发展得最迅速的部门。

本章小结

关于脑和神经系统以及内分泌的生理心理学，当然不仅仅上述几节就能介绍无遗了。它正在随着科学技术的日新月异发展而变化着。例如，利用脑电图（EEG）、条件反射或者生物反馈理论等结合起来研究，已有许多重大的发现。例如尼尔、米勒违反了传统观念，成功地控制与调节自主神经系统，这是众所周知的了。1958年芝加哥大学卡米雅（Kamiye）还成功地使被试控制自己的脑电波。

人们通过上述种种实验研究，不仅发现了物质如何变成精神而且还发现，只要人能够设法把不可见的自身肉体运动，使其通过信号的形式显示出来，人本身就有能力去控制它、调节它。西方现代心理学发展中的许多成就，固然不能一味盲目地照搬，但也不应该由于生理心理学，尤其生物化学是研究低级运动形式而一概加以否定，正确的态度仍然是取其合理的东西，而抛弃糟粕。

SECTION 12 第十二章

Cognitive Psychology
认知心理学

现代认知心理学是伴随着行为主义危机而兴起的。原来行为主义有两大支柱，即哲学上的实证主义和动物心理实验。到了 20 世纪 50 年代，行为主义的这两大支柱都发生动摇，变得不牢靠了。20 世纪 60 年代行为主义由于受到批评攻击出现了危机后认知心理学兴起，结构主义的趋势也就更加明朗而成为当代西方心理学的思想主流。这一章主要介绍行为主义的危机和认知心理学的发生和趋向。

第一节

行为主义危机

新旧行为主义的理论基础，实质上是实证主义变种：新实在论和逻辑实证论。它强调科学研究的客观化和实验方法以及精细的假设。华生、斯金纳、托尔曼和赫尔都把这些奉之为金科玉律，不可变更的。

到了20世纪50年代，行为主义的这些基本观点引起人们的怀疑，到了60年代则进一步受到冷落。原因是事实证明行为主义要求把所有科学的理论术语操作主义化是不可能的。例如，许多内部的、抽象的心理学概念就难以操作化，而相对论的思想影响也使人们认为要完全客观化的科学简直是神话。这样，行为主义的理论在人们的思想上发生了动摇。与此同时，在经验上和实验上也出现了许多和行为主义相反的理论和资料。原来行为主义是依靠动物实验获得的动物心理规律应用于人类心理的。到了50年代，人们发现这些实验也都是不可靠的。

一、动物的学习是有限度的

他们认为，行为主义者托尔曼、赫尔和斯金纳把容易受骗的动物研究所得到的动物行为规律应用于人类，就是用动物的行为来理解人性，这种做法本身就是违反进化论原理的。

1960年有人研究了老鼠和鸽子的学习规律后发现，动物的学习行为受到进化史的限制。他们认为，天赋因素是有机体生存的适应机能，在理解动物行为中有重要作用。

1961年斯金纳的二位年轻合作者白朗特夫妇发表了一篇实验报告，题名为《有机体的不规则行为》。这篇论文触犯了斯金纳发表的第一本著作《有机体的行为》(1938) 中的观点。原来白朗特是按斯金纳的设计要求进行实验的。但是在实验中发现，他们虽然能够教会小猪把一些木制的小币埋在猪圈的泥土里，但是最后，动物还是把它们都挖了出来。论文报告说，人们发现在许多情况下动物为一些"强烈的本能行为限制住"，推翻了已经学会的行为。这是因为猪崽在本性上是为寻找食物用鼻嘴去刨挖泥土的，所以它们必然要刨挖出由于食物强化的有控制训练而收集和埋藏起来的木制币。1972年白朗特得出结论说，心理学家应当去考查那些藏在假设背后的障碍。这些障碍就是行为主义者提出的三种假设：第一，动物实际上是白板一样纯洁，它的行为经验完全是后天学会的。第二，有机体之间的个别差异是不重要的。第三，任何刺激都同样能够形成任何反应，或者说一切刺激和一切反应都能形成一对一的条件作用。他们认为，由主要的行为主义者做了说明而提出的这三种假设，都是以经验主义为理论基础的。然而正是这种理论基础是不可靠的，因而这些假设也是有限度的。原来，这样的观点已有人提出过，但是白朗特的论文似乎打开了更大的缺口。这个缺口由于越来越多的条件作用实验发现了动物的不规则行为，也就是动物的某些行为是不受条件作用的规律制约的。

另一种实验是马拉（Marler）和他的同事合作的。他们把一种鸣禽比如说百灵鸟，从小便同同类大鸟隔离开，并和另一种鸣禽一起饲养。由于这小鸟长大到一定时期听不到同类大鸟的叫声，结果它不会鸣叫。过了一段时间再把小鸟放回到同类大鸟身边，它也就学不会了。实验者认为，每种鸣禽都有为自己发出特殊叫声的天生器官，而啼唱对鸟来说，在吸引情侣、威胁敌人和警告危害都有生物学意义。不过要按生命的生长顺序才能学会。

以上的实验都说明，动物行为是由遗传结构决定的，但一定要适时学，而不是任意地教会的。这些实验，实际上都反对白板论和经验论，主张天赋论的，而行为主义是经验论者。行为主义的经验论认为凡是见得到的刺激就能形成反应和联结的主张，是一种外围论，而进化却在中枢进行，它是受遗传决定的，因此行为主义的经验论不可靠。他们还认为，虽然行为主义来源于机能主义，并用机能适应概念，但由于它是外围论的，是违反进化论原意的。在哲学上，行为主义奉行的实证主义，即凡是看得见的刺激和反应都能建立联结的观点，也否定了动物学习的先天限度，是违反进化史的。

二、人类言语由深处的逻辑结构决定

这个原理是语言学家乔姆斯基（Chomsky）提出的。

乔姆斯基认为自己是个理性主义者，像笛卡儿一样把语言看作人类的唯一财产，是天赋的。在20世纪60年代有人教黑猩猩学会符号语言，乔姆斯基认为，这不同于人类的孩子学语言靠天赋，虽然人说话也要学，但天赋的语言是在自然环境下学的，它同黑猩猩在实验室里学会不同。

乔姆斯基的批评对象主要是斯金纳的言语行为，他为了研究语言，创造了一种新的语言文法叫作变换语法，用来描述语言深处的逻辑结构。他认为言语是创造性的，每人每天听到的每句话都是新的。正像一个演说家，几乎每句话都是新的。每个人在每一言语动作中都创造着新的反应，理解新的刺激。他认为行为主义的外围论观点，只研究说和听，否认了支配说和听的内部言语规律，不能摹写有无限创造性和伸缩性的语言。他同冯特一样，把语言现象分为内部的和外部的两种现象。不过，乔姆斯基把外部言语现象叫作表面结构，内部言语叫作深层结构。他认为外部语言的表面结构并不能反映内部语言深层结构的意义。例如“John is easy to please”和“John is eager to please”这两句话，表面的文法结构都是“主语＋动词＋述语形容词＋不定式短语”。但如果把不定式往前移变成“To please John is easy”和“To please John is eager”，就显示出两句话深处的逻辑结构含义是不同的。后一句话，John是句子的文法主语和逻辑主语，而前一句中的John是文法的主语，逻辑的宾语。前者说John是快乐的；后一句话说John接受来自别人的快乐。因此，他认为这两句话的表面文法结构虽然同一，而深处的逻辑结构不同。行为主义从外围论出发，只研究S—R即表面结构，不能真正揭示言语意义。

乔姆斯基还把人掌握语言时的能力和操作分开研究，认为能力只是一个人对语言规则的认识，这是5岁以前的儿童就能学会的，而操作是一个人在说和听时对这些语言规则的真正利用，比较困难而且有无限的创造性，这正如通过重复学会算术规则后，应用它来概括出无限的数一样。而能力是天赋的，不是教会的。

乔姆斯基的这些意见，和上面提到的白朗特的发现相一致，因而形成一种新思潮，对行为主义是一种致命的冲击。这样，就出现了心理学家之间的激烈争论和行为主义的危机。

三、人类学习必须是有意识的

行为主义者认为，意识和行为无联系，所以控制行为就只是控制环境，不是控制个人。反对派认为，这种假设正有利于证明可以把研究动物的方法应用于研究人类。因为它意味着，心理学可以不需要内省，行为不是心理的，所以动物可以代替人类。

他们还认为，这种假设在坚持动物和人类的心理连续性上是重要的，但却否认了人类学习必须是有意识的。他们以桑代克的动物实验为例。桑代克强调学习的成功只是偶然性，是无意识的，可50年代末和60年代初的实验否认了桑代克的假设。实验者们发现，意识到偶然的强化是人类学习必需的。

1955年格里斯朋（Greenspoon）将非指导性的治疗方法搬进了实验室，当被试说出“苹果”和“梨子”时，实验者就用蜂鸣器发出“嗡嗡”的声音并伴以强化。条件反射形成后，当被试说出“水果”时也予以强化。因而被试连续说“水果”这个词都受到奖赏。但是当实验者要求被试说出为什么这样说时，被试说他自己是无意识的。人们认为，这是被试对正确的结果做了不正确的假设，其实是意识到的。这项实验的价值究竟是什么，也引起了争论。

1966年，一些心理学家为了调和由上面的一些实验引起的争论，邀请了持各种意见的学者开了一次讨论会，想通过会议研究出关于言语行为的S—R公式的统一理论。结果是非但得不到统一的意见，多数人反而同意语言的S—R公式是不恰当的。他们认为，S—R公式是在条件作用的学习曲线基础上提出来的，实验和理论都证明它并不可靠。这样S—R这个基本公式给动摇了，行为主义出现了严重危机。1968年迪克逊（Dixon）和荷尔顿（Horton）合作出版了一本书，题名为《言语行为和一般的行为理论》。该书的末句说：“对我们来说，显然，一场革命确实正在进行着。”

以上这些历史事实表明，正是行为主义在哲学理论和实验经验上都发生了危机，认知心理学也就应运而生。

第二节

认知心理学的兴起

行为主义发生危机后，为行为主义拒绝研究长达50年之久的意识心理研究又东山再起。

这时正值第二次世界大战后，通信技术、语言学和发生学迅速发展，致使到了60年代就提出认知心理学和心理语言学。它们先在视觉、听觉和其他感觉中引起对心理因素如经验、定势在心理过程中的作用发生兴趣，进而涉及问题解决、意识和人格理论的关系问题。这是一种逐渐演进的过程，大体上可分为三个发展阶段。

一、1946—1955 年知觉的研究及其演变

由于战争，韦特海默、考夫卡、苛勒和勒温相继定居美国，对美国心理学影响很大。格式塔心理学派是研究知觉起家的，他们认为知觉是人脑对信息的重新改组，不是消极的登记。1955 年，吉布森（Gibεon）夫妇因受格式塔心理学的影响提出，我们对熟悉的事物，只要得到它的微弱信息就能识别出该事物，这是经验的结果。其实这是知觉常性问题，格式塔学派原用先天组织趋向于完形来解释，吉布森则吸收了信息概念和认知方式并通过实验证明是经验的作用。后来，吉布森由此提出了知觉研究的生态学观点，形成一种特殊的认知心理学理论，影响颇大。

1947 年布鲁纳（Bruner）受勒温的场论和动机学说的影响，经实验证明，货币价值的经验对知觉物体形状的大小有影响。他发现同一硬币，穷孩子比富家儿童看得更大一些。

到了 50 年代中期，知觉被看作一种积极的探索过程，它涉及过去的经验、当前身体状况和某种程度的先天结构的趋势。这样，原来深受机能主义心理学影响的心理学家又日渐得势。

二、1956—1965 年心理学界向多样化研究发展

这是由于 50 年代皮亚杰（Piaget）的发生学在欧洲兴起，并传入美国，它和战后技术设备的改善汇合一起，推动了美国心理学。加上上述的原因，到了 60 年代早期，引起人们对心理学多样化的研究，60 年代后期引出认知心理学。这样截至 70 年代初，意识、心灵的概念和内省法就重新成为主流的认知心理学的研究对象了。例如，关于觉醒状态、注意、睡眠和梦，以及心理语言学、认知的社会心理学、自

我心理学和婴儿的实验等都先后兴起。

三、1967—1975 年，认知心理学的确立并促使进一步研究意识和有关的心理过程

1967 年奈瑟（Neisser）出版了《认知心理学》，一般认为它是当代认知心理学正式问世的标志。当时他说，如果在一代人以前，这本书要对行为主义做些防卫工作。今天气候变了，S—R 的理论家们也在谈论假设的机制，对意识的责难也少了。到了 70 年代出现一些新的杂志，如《认知心理学》（1970）、《认知》（1971）、《记忆和认知》（1973）等。

不仅如此，在认知心理学的推动下，研究“心灵”（mind）的课题也有所增加。例如在社会心理学、发展理论、神经生理学、生理心理学中都有反映。这些反映又是在存在主义和现象学的影响下引起的。这些作者关心意识经验，把经验看作现实世界，强调人和世界的互相作用。他们还在人格心理学中提出情绪和情感，以及情绪反映对外部条件的认知成分，饥饿、热情、冷漠等不仅是血液循环的自主机能，还有环境条件的作用。例如，肾上腺素可能使人紧张，但要环境条件决定人是体验到欢乐，还是有敌意。就这样，原来的意识心理学如冯特、詹姆斯、布连塔诺和符兹堡学派的思想重新受到认识和审查，而行为主义也在改头换面，竟被人称作机能主义的行为主义，尤其研究无意识的精神分析也到处渗透，其影响之大，甚至称弗洛伊德为心理学中的达尔文。正因如此，当代认知心理学兴起的初期，是有各种不同的理论见解的，而信息加工认知心理学只是其中之一。

第三节

认知心理学的三种理论

当代认知心理学原先至少有三种理论，信息加工认知心理学只是从美国行为主义者转

化过来的一些心理学家的工作，缺乏完整的体系，现将其作为三种倾向分别简介于下。

一、结构主义的认知心理学

这种认知心理学，最初在欧洲于 1962 年提出。英文“Structure”一词和构造同形，但内容不同。它不是铁钦纳的构造主义。结构主义心理学的拥护者从哲学家到人类学家、心理学家都有，涉及的范围很广。总的特点是认为，任何人类的心理行为模式都是有结构的，它的本性是逻辑的或者数学的。其中又有不同的代表，有社会学方面的，也有心理学的。心理学的代表人物，一般认为是以下几位。

皮亚杰起先是生物学家，后来转到研究心理学，最后他把心理学的科学方法应用到认识论，这就是他的儿童智力发展学说，是一种发生学的认识论。皮亚杰认为，儿童智力的改变不是数量上的成长，而是质的改变。5 岁比 12 岁的儿童无知，是由于不同阶段的儿童心理中逻辑结构不同的结果，这些差别表明了一个人认识世界的不同阶段。他就是想通过模拟这些不同阶段的心理结构模式来指导智慧行为。他还认为，智慧只能自然发展，训练是无用的，因此，他有点像冯特，不讲应用，也不考虑个别差异，是个理性主义的结构主义者。

有人认为弗洛伊德也是结构主义者，因为他像某些人格心理学家，描述了人格结构。但是，弗洛伊德不是认知心理学的结构主义，而是一种人格结构或者性心理发生学。

一般认为，乔姆斯基是语言心理学的结构主义者（他的理论将在后面分别地被应用）。

美国人对以上人物的态度是 60 年代以后觉得皮亚杰的逻辑模式太奥妙，远离了行为没有什么价值，一般不愿意采用他的结构主义的理论术语。他们采用了皮亚杰的理性主义心理学中的部分思想，却保留着经验主义。他们对待乔姆斯基，也像对待皮亚杰，热了一阵之后，渐渐地都转到由电子计算机引起的信息加工心理学方面去了。

二、心理主义的认知心理学

所谓心理主义是指用心理的东西来解释心理的东西。不过心理主义认知心理学家的阵营松散，他们使用了一些前行为主义的旧概念复活了旧思想。下面可举两例。

属于符兹堡学派类型的。通常他们通过一些谚语（双关歇后语）进行实验，证明人们经常记住的不是谚语说了什么，而是它意味着什么。例如，当人们读过一个句子：“大姑娘上花轿。”它意味着“第一次”。或者读了“那位心不在焉的先生没有拿上他的车钥匙”，人们常常把这句话回忆成“那位心不在焉的先生忘了他的车钥匙”。这些心理学家认为，人们的记忆库存不仅是一串字的概念，而且借助句子的意义，形成球状的观念联想。当人们记忆这观念联结时，它可以第一句话那样来理解，通过意义表达出来；有时则库存记忆的词序不严格，就如第二句话那样表达。这种思想酷似冯特对内部语言和外部语言的分析。在这种场合误听的复杂观念，可以通过重新构造说出来。

新的心理主义的另一类代表是白朗斯福特（Bransford, J. C.）和他的同事。他们组成几段文字，如关于洗衣服的事，用含糊不清的语调读给被试听，使被试说不出究竟是说什么。但这几段文字的每个句子都合文法，每个字都有意义，只是整个段落听起来模棱两可不清楚。实验发现，凡是不知道题目的被试，听了之后几乎什么也没有记住。当把题目告诉他们后，就回忆得好些。他们认为，这是记忆围绕着一个中心观念组织起来的，作为概念结构的模式要用较多的联想进行信息加工。按照这种见解，一个不知道题目的人，就不能储存每个字的概念和它的联合材料，并记住这一页文字的内容。不过，有人不同意这种见解。

三、信息加工认知心理学

1948 年托尔曼在《白鼠和人类的认知地图》中说，在中枢控制中，传入的冲动通常是做出努力去推测认知环境的地图的。刺激并不是直接支配反应，而是先在有机体内部组织结构再返回来支配行为。但是，托尔曼的目的行为主义受到其他行为主义者如斯金纳的批评。因为按托尔曼的说法，似乎在有机体行为之前必须要阅读和理解地图，这就需要有个小人，但他的理论又没有说明那个内在的小人是什么，即使有了小人，还必须有供小人阅读的地图室。这样在先有小人还是先有阅读室的问题上也无法解决。除非像笛卡儿那样，偷偷地塞进一个能思维的灵魂在脑内作为造物主，就不能解释他提出的有目的控制行为的理论。所以，人们无法接受托尔曼的意见。

正在这时，由于第二次世界大战发展起来的制导系统需要解决类似的问题，那就是如何设计出一个能够追踪运动着的目标并且击中这个目标。斯金纳认为，他的有训练的鸽子能够发挥扣扳机和控制投射器的作用。但是，其他人没有找到生物学上的答案。

1943 年，有三位研究者为目的论设计出一种机械方法，这就是通常用的恒温器。例如，要求把室内的恒温保持在 70℃。这个目的确定后，如果气温下降，恒温器中的温度表就因发觉变化开始熔解。而当温度上升，温度表到达 70℃时，就停止熔化。用这种办法恒温器调节着熔炉的行为，并不需要有神秘的内部小人，只要有信息反馈的概念就行了。这样，恒温器借助于它的温度表提供的信息和环境接触，温度表告诉恒温器关于温室内的熔炉行为的效果，这个系统本身是行为和恒温器的信息反馈即恒温器改变它的行为，行为又改变反馈等的自我调节系统。在这样一个简单的方法中，一个恒温器或者一个导弹就成为一架有智慧、有目的的机器。在第二次世界大战中，数字计算机就按这些原理发展成能够提供，甚至更有目的和智慧的行为了，而控制论就是按这种反馈系统研究的成果。以后，经过 1958 年的迅速发展，控制论支持了有目的的思维的机械解释，托尔曼的目的认知心理学理论也就成为现实。

从此以后，心理学家开始用模拟的方式平行地研究计算机和人类的信息加工过程。例如，计算机接受传入从环境来的信息，并且加工处理和储存这些信息，然后利用它产生指向传出目标的计划。人类行为也能被看作用这种方式进行。人们通过感觉接受信息，借助脑加工处理和储存，脑使用它执行指向行为目标的计划。这样，计算机就成为一种易理解的，同时又是有某种程度智慧的决定论的“有机体”。为了应用计算机智慧于人类理解和人类智慧，这是一种有吸引力的思想。人工智能等模拟的研究就是按这样的思想路线开始的。

但关于信息加工观点最有影响的早期表达始于1960年的G.E.米勒。他是乔姆斯基的语言心理学的热心支持者和发言人。他和两位同事在一本题名为《计划和行为结构》的著作里指出，用一般非技术的方法，控制论的信息反馈模式可以被应用于人类行为。例如，他们用反馈的语言分析拍打一个苍蝇的简单行为。当你看见一个苍蝇停在木头上，你就会拍打它，但它未飞出屋子，你又看见它停在木头上，你就再一次拍打它，直到不见它，你才停止看和拍打它的行为。这个行为正和恒温器调节室内的温度是一样的，完全可以用机械的术语来解释有目的的行为。它又是符合决定论和机械式的人类行为方式的，并且可以避免用笛卡儿的灵魂而为行为主义者所接受。

用计算机信息加工的程序还便于回答身心关系问题。一种计算机的程序和它的线路是不同一的。因为我们可认为同一架计算机改变程序。同样，由不同的生理机制可以给予同一程序，而每次行为却是同一的。正像亚里士多德在两千多年以前主张的那样，一种计算机程序或心灵和它的物理化身或身体可以分开来讨论。心灵正好像一种形式可以和它的物质形体在概念上分开一样。信息加工心理学就是对人类心理行为程序的分析。

由于计算机需要储存信息，就类似于人类学习时的记忆。在西方心理学史上，关于记忆的实验研究开始于艾宾浩斯和 G.E. 米勒。他们的研究方法是从无意义音节的机械记忆开始的，后来发展为成对词的联想，即使刺激字和反应词形成联结。这种方法可以揭示刺激和反应之间联系的不同效果和它的中介作用。信息加工方法的计算机储存库就可以利用这种联结来研究联合纽带或记忆结。这就可以把词义的认识看作对一套有结构的概念的认识。1969 年柯林斯等人提出的语义记忆结构图式可以作为这种认识结构的说明（见 [23-1]）。

我们可以看到 [12-1] 中关于动物的各种知识是由一套阶梯式的概念组织起来的。例如，我们认识金丝雀是一类鸟，鸟是一种动物。然后，我们知道每个概念都属于某些事实，所有的金丝雀都啼唱鸣叫，所有的鸟都有羽毛。而理解一个概念的过程就是认识它和信息条目的联合。所以知道金丝雀含义的人就知道它是一种黄色的鸣禽。如果这个程序是对的，就可以进行实验。因为从图式中可以看到，金丝雀能鸣叫的事实是直接和金丝雀这个概念联系着的。有羽毛和吃的事实只是间接地而且和金丝雀概念比较远地发生联系。同样，“鸟”的概念是直接和金丝雀联系，而“动物”是经过“鸟”的间接联系。因此，我们把一个对“金丝雀是鸟吗”的问题比“金丝雀是动物吗”的肯定回答多，而比“金丝雀”“吃吗”的肯定答案更多。这是可以通过实验来证实这种预言的。

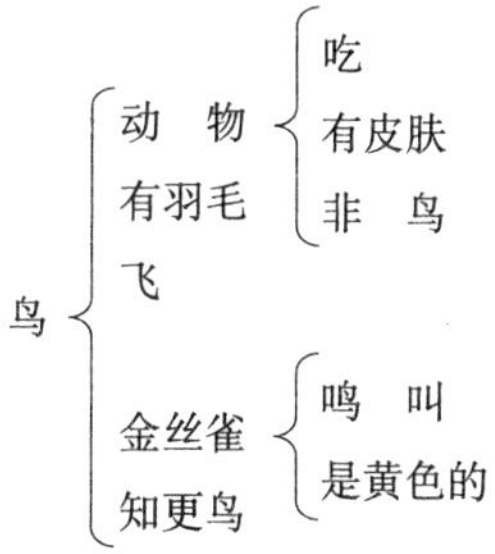

[12-1]　语义结构认知图

这样一来，许多记忆实验的模式就沿着上述的类似路线逐渐离开了行为主义的S—R公式和无意义音节的记忆和学习的研究而日益转向对字词、句子和散文的记忆研究了。由此再进一步就产生出记忆、注意和解决问题等研究的一种新的认知心理学，也就是围绕着类似计算机设计信息加工人类观念结构的心理学。

关于电子计算机模拟人的心理活动，是由纽艾尔（Newell）和西蒙（Simon）提出的。1961年他们发表了《通用解题机：模拟人类思维的程序》，1972年制成，从而为思维的研究开拓了更为广阔的领域。到了70年代，西蒙已以研究问题解决和决策过程著称。且由于这种理论是用逻辑符号在计算机内的操作传输，比拟人脑中从输入开始，经过存储、加工，以至输出的过程，和行为主义把刺激和反应联系起来的S—R公式极为相似，而且人脑的电子计算机模拟技术可以用程序和流程图，以及反馈装置来代替中央"O"、"黑箱子"和小人，这样一来，原来的行为主义者也就很容易接受了。用西蒙的话说，在多层次的人体系统中存在着物理化学系统的层次，机器人代替人脑操作和人工智能的研究确实是前途无量的。从此以后，有人先后设计出各种计算机程序来模拟概念形成、言语理解、下棋、心理诊断，以及各种不同的专家系统，它已超过心理学家的工作，而成为一种计算机工程学了。

本章小结

认知心理学和人格心理学一样，都是当代社会和科学发展情况下的产物，它一方面汇集了以前心理学史上各方面的成就，另一方面又受到当代哲学思潮和科学成就的支持和推动，从而以最新的形式和内容出现在当前的历史舞台上。因此，认知心理学的出现，恢复了意识和心理过程的研究。

认知心理学发展的结果使 50 年代发生危机的行为主义，到了 70 年代又以新的形式出现，一方面它以人体系统物理化学层次向人机系统、人工智能发展，另一方面它又以认知心理学的形式向社会心理学、情绪、情感发展心理方面渗透，以至于形成认知心理学要“包打天下”，囊括心理学一切领域之势，而且这一切又都是和西方心理学的总倾向——结构主义思潮合拍的。为此，接下来必须介绍皮亚杰的结构主义发生认识论，作为西方心理学主流思想中的主要代表之一。

SECTION 13 第十三章

Piaget 's Structural Genetic Epistemology and Developmental Psychology

皮亚杰的结构主义发生认识论和发展心理学

皮亚杰自称是个理性主义的结构主义者，他是结构主义认知心理学的代表，心理学只是他以结构主义理论研究发生认识论的副产品（皮亚杰著，王宪钿等译《发生认识论原理》）。本章拟从这一角度，分三节述评皮亚杰的生平及其儿童心理学和发生认识论关系的基本情况。

第一节

漫长的学术生涯

皮亚杰（1896—1980）出生于瑞士的纳沙特尔。他自幼喜爱动物，15 岁时已以研究出生地附近的软体动物为一些学者所知，1918 年获自然科学博士学位。皮亚杰对哲学、逻辑学和心理学也很感兴趣，1918 年他还在苏黎世大学荣格指导下研究弗洛伊德和荣格的精神分析，和布鲁勒（Bleuler）一起在立普斯实验室工作[1]。

不久皮亚杰到了巴黎。1920 年皮亚杰担任比内实验室西蒙的助手，研究儿童心理学和负责管理比内（1911 年去世）留下的巴黎儿童阅读测验档案，开始深入地研究起儿童心理问题。1921 年接受日内瓦大学的克拉巴莱德（Claparede）邀请他担任卢梭研究所工作，后来还接受该所研究主任的职务，并相继担任过纳沙特尔大学（1926）、日内瓦大学（1924—1954）、洛桑大学（1937—1954）、巴黎大学（1952—1962）的教授，前后讲授过心理学、儿童心理学、发生心理学、科学思想史和社会学等课程。1926—1967 年皮亚杰担任日内瓦国际教育局长职务，1933—1971 年任瑞士驻联合国教科文组织首席代表以及卢梭学院助理院长和院长等职。1954 年皮亚杰被推选为第十四届国际心理学会主席。1955 年他发起组织发生认识论国际研究中心，并被任命为该中心的主任。1971 年皮亚杰 75 岁退休，辞去学院和其他行政工作，但保留了发生认识

1 立普斯是莱比锡大学 1887 年冯特指导下的哲学博士，1911 年起他是苏黎世大学心理实验室即研究所的教授和主任。

论国际研究中心的领导职务，继续从事研究。

从皮亚杰一生的经历看，在40年代以前是皮亚杰奠定思想雏形的时期。40年代开始，皮亚杰对自己的工作进行了一系列补充和总结，提出儿童认知发展的四阶段学说。

五六十年代，皮亚杰的研究重点转向发生认识论，到1970年他发表《发生认识论原理》。这部著作共分三章，以儿童认识的心理发生为范例做了分析（第一章），用以对比人类种系的认识发生（即第二章《认识的生物发生》），和几种主要学科如逻辑、数学和物理学各学科概念的形式发展，实际上是人类在这些科学领域的认识发展史（第三章）。皮亚杰把这些认识发展史和儿童思维发展阶段相对照，并和1968年发表《结构主义》中的理论联系起来，这就是皮亚杰自称的结构主义的发生认识论。正是在《结构主义》中，皮亚杰提出结构主义整体性、变换形式和自身调节三大特征。他把自己的这种结构主义说成是辩证的，没有开端结构的结构主义思想体系。皮亚杰的结构主义是发生认识论的结构主义，反过来说，他的认识论是建构主义的发生认识论；而心理学，更具体地说发生心理学包括儿童心理学和普通心理学，只是他以结构主义研究发生认识论的手段和副产品，儿童心理学、发生认识论和结构主义三者相互密切联系着。皮亚杰的每部著作，一般说来，虽然篇幅不大，但思想深刻，逻辑严密，前后连贯“形成一体”构成了一种独特的发生认识论的思想体系，在现代西方心理学史上是一种创造，因而有人把他和冯特、弗洛伊德，乃至苏格拉底、爱因斯坦等人相媲美！

在70年代皮亚杰退休以后，继续充实他的理论体系，直到1980年9月去世，终年84岁。

第二节

皮亚杰的儿童心理学

儿童心理学作为心理学的一个分支有其

独特的发生、发展史。一般说来，1882年德国心理学家普莱尔（Preyer）出版《儿童心理》标志着儿童心理学正式诞生。它“在心理学史上是第一部用观察和实验方法研究儿童发展的比较有系统的科学的著作。”[朱智贤著《儿童心理学》（上册）]。皮亚杰工作的特点，是试图把儿童心理学和普通心理学联系起来，提出了“发生心理学”的研究方向。他说：原来的“儿童心理学只研究儿童本身，并不考虑到他最终发展为成人，而我们今天采用‘发生心理学’这名词则指出研究普通心理中一般心理机能的发展过程（如智力、知觉等）”。“发生法在心理学所有分支中都成为一种重要的方法（例如，精神分析学认为儿童时期起着主要作用），因而使儿童心理学在心理学的各个领域内处于关键性的地位。”（皮亚杰著，吴福元译《儿童心理学》）这就是说，皮亚杰的儿童心理学既把发生心理学作为研究心理的重要方法和工具，也作为一个原则和其他的儿童心理学区别开。

其实，西方心理学把心理发生学作为一项原则，是达尔文进化论思想渗透进心理学的结果，20世纪以来已逐渐形成一种普遍原则。皮亚杰的特点是在发生心理学原则下将生物学、逻辑学和心理学联系起来，构成“发生认识论或儿童智力、思维心理学的理论基础”。下面简述他的儿童心理学基本观点。

一、儿童心理学的最一般的观点

最一般的观点指研究对象、任务、范围和目的意义。皮亚杰把“心理的生长”作为研究对象，也就是把研究儿童行为模式（包括意识）的发展作为他研究儿童心理发展的主要任务和范围。用皮亚杰的话说，就是从身心生长的“胚胎发生，直到达到成人水平的相对平衡状态的开始为止”，都是他的儿童心理学研究范围。皮亚杰还进一步指出，在研究儿童心理发展时，既要注意生物学上的成熟问题，也要注意到“练习、获得的经验，以及一般的社会生活”等其他同样重要的要素。他认为，研究儿童心理发展的目的和意义不在于儿童本身而在认识成人。他说：“儿童本身是引人感兴趣的，但是当我们认识到从儿童说明成人往往比从成人说明儿童来得更好些，便增进了对儿童研究的兴趣。成人采取多种社会渠道教育儿童。但是每一个成人，即使他是一位创造性的天才，还得要从儿童开端。史前时代是如此，今天亦复如此。”（皮亚杰著，吴福元译《儿童心理学》）

二、关于儿童心理发展的基本理论——四概念论

■ 心理或智慧起源的四概念论

关于智慧起源及其实质问题，在现代西方心理学中存在着两种主要的对立观点：一是经验主义和联想主义的观点，桑代克可作为代表；和它对立的是理性主义的结构主义观点。皮亚杰自称是个理性主义者和结构主义者，虽然，他曾把智慧定义为“一种适应”，但是他解释说：“如果智慧是一种适应，那么为了避免目的论的困难，必须把适应描述为有机体活动对环境的平衡。”而适应相当于主体和客体之间相互作用的平衡，可定义为同化和顺应的平衡，反之亦然（引自皮亚杰著《智慧心理学》）。过了20年，皮亚杰补充说：“刺激输入的过滤或改变叫作同化；内部图式的改变以适应现实，叫作顺应。”（皮亚杰著，吴福元译：《儿童心理学》）是通过什么来“过滤或改变”输入的刺激呢？皮亚杰的回答是一些反

射。他说："这些反射是同化的图式赖以发展的出发点。"（皮亚杰著《智慧心理学》）但是，他有时也把反射叫作反射图式。他认为从最初的反射动作图式表现出来的感觉——运动图式发展为习惯图式，再发展为可逆的认知运算图式，至此儿童就获得了智慧。皮亚杰说："初级感觉——运动适应是刻板单向的，而智慧倾向于可变动。这就是活动中具有活的逻辑特点的运算的本性。因为可将可逆性看作平衡的标准（正如物理学家告诉我们的）。"接着皮亚杰作出结论说："因此，按照可变结构的可逆性，可以把智慧定义为感觉——运动和认识性以及在有机体和环境之间同化和顺应的一切连续适应趋向的平衡状态的构成。"（皮亚杰著《智慧心理学》）这就是皮亚杰关于智慧定义及其起源的四概念论。由这四个概念形成了他的关于儿童心理发展的基本理论，这四个概念是图式、同化、顺应和平衡，它们是用来说明智慧是一种适应这个定义的，是解释适应的结构图式和机能作用（同化、顺应和平衡）之间的相互关系和辩证地发展过程的。其实，这个智慧定义正是皮亚杰的理性主义和结构主义观点的具体表述，它和经验主义、联想主义的观点是不同的，是他的理性主义认知心理学的核心。

■ 四概念论和经验联想论的对立

原来皮亚杰的理性主义和结构主义都来源于德国。德国的理性主义哲学和结构主义格式塔心理学都强调心理的整体性和主动性。这是莱布尼茨始创的，经康德继承发展，演变为胡塞尔的现象学。现象学把整体的意识经验分成经验的内容和动作，把内容作为动作的对象，提出心理动作是心理学的对象。这是19世纪末出现于欧洲的机能心理学新思潮的由来。皮亚杰用反射动作取代心理动作，也就是现象学的心理动作。为了避免陷入先验论的图式论嫌疑，一再声称他的发生认识论"从来就没有什么绝对的开端"。实际上，皮亚杰和桑代克一样，他们的反射动作都是心理发生的本源。只是桑代克采用了机械唯物论经验论和联结主义心理学的联结概念，使感觉情境和反射动作联系起来作为联结主义的中心概念；而皮亚杰用自发的整体活动的分化，分化出一些反射的感觉—运动图式，又通过同化和顺应的平衡再整合成新的图式以使有机体适应不同的环境。因此，在皮亚杰这里，伴随着有机体自发的整体活动的分化、整合、再分化、再整合的图式变换过程，促进了儿童心理的不断更新发展。在桑代克那里是，伴随着有机体的本能动作多中择一的试误—偶成的联结、再试误、再联结的重复练习形成神经—心理的联结系统。两者的区别在于皮亚杰的理性主义哲学和格式塔心理学同桑代克的经验论哲学和联想心理学之间对立的具体表现。

总之，有机体整体活动的分化、整合、再分化、再整合的过程，伴随着智慧（或心理智力）适应的图式结构（借助于同化、顺应，及其平衡作用）不断变换形式的四概念论，是皮亚杰发生心理学，也是他的儿童心理学的基本理论。智慧的起源问题只是这个理论说明的开始，随后导出儿童智力分阶段发展的学说。

三、儿童心理分阶段发展的学说

由于一般介绍皮亚杰儿童心理学的著作，着重于介绍他的阶段论形式，却忽视了他划分阶段的标准和实质。因此有必要较多地分析这一方面的内容。

■ 儿童心理发展及其阶段的划分特点

皮亚杰认为儿童心理发展表现出来的阶段有以下几个特点：

各阶段出现的年龄可因每人的智慧程度或社会环境不同有所差异（提前或者推迟），但各阶段的先后次序不变。

每一阶段有一整体结构，作为该阶段行为模式的主要特征。例如，从出生到 2 岁阶段，感知—运动图式是它的主要特征。该阶段又可分为六个小阶段，每个小阶段都有它的整体结构特征。

每个整体结构都是整合的，各阶段间不能彼此互换。前阶段的整体结构，作为一个附属结构整合在本阶段的整体结构。同时，本阶段的整体结构又继续向前发展并整合为下一阶段的结构。

这一发展过程的整合方向由胚胎发生学、机体成长和心理发展各方面和谐的机制形成一种心理发展理论。例如，第一阶段的感知—运动图式的发展，是胚胎发生阶段有机结构的延伸和超越。具体运算思维的发展，是在表象水平改组感知—运动图式及其内化为运算结构。而到11—12岁后，又将具体运算思维改组为形式运算思维的新的结构，以后这些新结构“将持续整个青年期以至人的一生”。因此，皮亚杰划分的各阶段之间有质的不同，阶段性的发展是质变。因而人们认为他的发展理论是辩证的，但是也有人说（如维果茨基，1932），皮亚杰奉行的是弗洛伊德的本能成熟论，他的心理发展观是肉体欲望的自我表露，他的儿童思维发展是自我中心主义“思维的社会化过程”，因而他的理论并不是发展的理论。这些矛盾的评论原因何在，可从皮亚杰关于儿童心理发展阶段论的进一步分析中了解到。

■ 心理发展阶段及其划分的标准

如上所述，皮亚杰把儿童从出生到成人的整个发展过程分为三（或四）个阶段，并以下表的次序和特征作为划分标准（见［13—1］）。

［13-1］　皮亚杰心理年龄阶段划分的次序和标准简表

阶段次序	感知—运动的反射动作	心理表象的具体运算	概念思维的命题运算（形式）
各阶段的特征	胚胎、生物学结构到本能的“顿悟”，生物性反射动作，习惯到智慧萌芽	知觉的客体永久性信号机能的可逆性（逆向、互反）、动作内化为表象，脱离自我中心主义开始社会化，出现语言	概念守恒、概念命题形式的排列和组合系统，抽象逻辑思维，社会化过程
相应学科	生物学	心理学	逻辑—数理等

现在将这三大阶段进一步分析如下。

感知—运动图式的动作智慧阶段。这个阶段实质上是描述动物心理和人类心理的连续性问题。其中又分六个小阶段：①从出生后的头一个月内，婴儿的动作主要是本能动作，如吮乳。它是胚胎中遗传下来的反射动作的实现（延伸或超越）。② 1—4 个月、5 个月，这些本能通过练习养成习惯，如视听、抓的反应动作。③ 4 个月、5 个月—8 个月、9 个月。出现运动和知觉协调，如拉线使玩具发响声，但这时幼儿动作手段和目的并不一致。④⑤阶段，9—11 个月、12 个月到 18 个月，出现目的和手段协调，例如，幼儿推成人的手去拿他自己够不着的物体。⑥ 18 个月—2 岁，是“感知—运动时期的终结和向下一时期过渡”，他说：“在这一阶段中，儿童能够寻找新的方法，不仅用外部的或身体的摸索，而且也用内部的联合，达到突然理解或顿悟。”他举的例子是，要求儿童在几个火柴盒中寻找内有一只顶针的火柴盒。实验表明，儿童在用身体摸索失败后，他停止动作，细心地观察情境；然后，他突然把手插进盒口，成功地打开了火柴盒，取出了顶针。皮亚杰说：“在这同一阶段，一般能看出众所周知的‘棍子’的行为模式。它首先是由苛勒对黑猩猩做的研究，后由别人对人类婴儿做过研究。”（皮亚杰著，吴福元译：《儿童心理学》）皮亚杰举的实例即从火柴盒取顶针之类的实验桑代克最早在 1911 年也进行过。那时，桑代克给大猩猩做实验并获得成功，但他认为大猩猩能不经试误而径直地取出盖着盖子的那个盒内的香蕉是罕见的，因为这需要观念联想，而他认为动物是没有观念的。不过，他认为从此再进化，到了人类就有了观念，所以动物和人类的心理有连续性。如今，皮亚杰用儿童实验来证实，这是一个进步。皮亚杰的进步在于他的起步是人类婴儿，或者说人类胚胎，使心理学归属于人类科学。不过，就这阶段的实质说，儿童心理还是属于生物学范围，它是人类心理发展的开始阶段。这是由于皮亚杰和新行为主义者托尔曼与社会心理学家墨菲一样，都认为人类心理是生物—社会性的。通过儿童心理发展的第一大阶段，皮亚杰论证了自己的观点，认为其中第六小阶段只是以上五个小阶段的终结。这个“终结”指的主要是人类幼儿心理的生物性阶段（当然只是主要方面）的结束。之后，儿童心理发展也包括普通心理学的知觉、记忆、思维的形成发展，从而使他的发生心理学具有特殊含义，使儿童心理学和普通心理学得到统一的研究。

心理表象的具体运算阶段。这个阶段的时间虽然很长（2—12岁），它的主要特点却可归纳为动作内化为表象，从而出现具体运算。它是真正的儿童心理学，也是普通心理学的概念形成发展的主要时刻。他称自己的儿童心理学是发生心理学，指的主要也是这部分。由于这一时期的发展，儿童心理出现了一般表象、知觉的永久性客体，和信号性符号或象征记忆和语言。随后由于多表象图式的融合协调，出现了具体形象思维。简单地说，就是从具体表象的直觉思维向一般表象或类化的观念思维发展。它的起点是动作图式内化为个别具体的表象。终点是一般表象向概念过渡。也就是认识论上说的感性认识阶段，其中包括人类心理的知觉、记忆和具体形象思维，如果按西方心理学史上冯特的传统看，这属于实验心理学研究的低级心理过程部分。传统上认为心理现象必须和肉体相关。为此，海克尔（Haeckel, E. H.）就曾建议（1899）把心理重新看作灵魂活动。而冯特把高级心理过程的思维看作和逻辑学的关系更密切。皮亚杰是理性主义者，他认为心理运算是内化了的动作，它的高级形式是逻辑思维和语言无关。这和传统思想有联系，也有区别，也是一个特点。例如，在这个时期内的聋哑儿童，虽然不能言语，但照样有正确的运算思维。因为他们的手势动作代替了言语的信号性功能，即相当于延迟模仿、象征性游戏中的心理表象的作用。这是说，虽然常人的语言发展和思维发展有联系，但是语言不是和信号性思维等同的。信号性或表象思维来源于动作的内化，而记忆是内化的动作即表象的再现。儿童到8岁、9岁—11岁、12岁时，他的表象类化出现了一般表象就可以进行具体形象的表象思维。所以，他认为，在这时期（2—12岁）内，前一阶段（2—7岁、8岁）只是后一阶段（8岁、9岁—11岁、12岁）的准备，其进程如下：

首先，在上一时期末段出现了知觉的永久性客体，这时儿童能知觉到具体的一个物体是作为一个物体客观存在着的。这是由于他在脑中形成物体的知觉表象。桑代克说过，一般动物没有表象观念，人类有了观念始能做出延迟性反应和模仿。按皮亚杰看来，将动作内化为表象是由第一个时期准备起来的，2 岁以后再行发展是具体运算思维的最初准备。其次，这个时期前期（2—7 岁、8 岁）的表象只是认知的具体表象，是不可逆的。表象的继续分化和整合出现了可逆性。可逆性包含两种意思：

1. **逆向或否定**。它以肯定即知觉客体的永久性为前提，例如幼儿把某一物体拿起来放下，然后又推开。这个动作需要较稳定的表象，儿童才能知道不论拿起来或推开都是同一物体。再进一步发展就成为 +A−A=0 数字运算。用逻辑语言说即既是，又不是。不过，这要发展到高级水平即概念的守恒水平才出现。
2. **互反**。这是对否定原因的补充说明或补偿。例如，这时的儿童（7 岁、8 岁）会说，面团搓成“香肠”，虽然变长了但比原来的细了，其数量不变。意思是“拉长可以被缩短所否定；拉长也可以被变细所补偿”。如果用数学公式表示，就是 A>B 和 B>A，儿童知道自己和对方的左或右。可逆性表象出现表明儿童可以由具体表象发展为一般表象即几个同类表象的融洽和协调，从而发展为具体运算思维。

具体运算是在一般表象上进行运算，所以又叫作群集运算。群集运算的方式有以下五种：

1. **组合**。x+x′=y、y+y′=z 等。意思是两个元素可以结合成同一群的新元素，或者两个不同的类可以结合成一个更广泛的类。例如，A<B、B<C、A<C。前两者包含在后者之中。他认为，在儿童心理上是表达了协调运算的最初情况。
2. **可逆性**。y−x=x′ 或 y−x′=x。意思是每一次变化都是可逆的，即两种组合的事物可以重新分开，在数学上是每一群集的运算都有可逆的运算。如“加”有“减”，“乘”有“除”。

3. **联结**。$(x+x'+y)=x+(x'+y)=(z)$，这是智慧特有的特性。它可以迂回曲折运算，不像习惯那样只是单向的，从逻辑学含义说这种结合是不受约束的联结。

4. **同一性**。$x-x=0$、$y-y=0$ 等，意思是和一个逆命题结合则取消了原来的命题。不过他认为，儿童的最初思维形式由于守恒不会回到原初的出发点。例如已经做出的假设随后受到否定，不会回到开始时的问题。这是因为借助于假设多少剩留着一些痕迹，即使这个假设已被放弃。

5. **同语反复**。$x+x=x$、$y+y=y$ 等。例如，鸟 1 加上鸟 2 还是鸟。意思是在数目的范围内，由于“1 组合”的应用，那么一个单位加上本身不会产生一个新数目。

皮亚杰认为，所有这些运算方式都是在知觉的直觉情况下依靠表象记忆进行的，它不能离开具体事物。这时的儿童还不知道他自己就是哥哥的弟弟，他不能回答：牙牙比平平高，又比英英矮，究竟是谁最高的问题。因为这类问题缺乏直觉的形象作参照，还缺乏抽象能力的儿童就缺乏运算的工具。

由于上述的原因，这时儿童头脑中的各类事物表象是零散的孤立成群未成体系的，它们缺乏互相之间的联系。例如可逆性表象有两种特点，逆向与互反不是统一的，这种水平只有到第三大阶段即形式逻辑思维才出现。不过如前所述，皮亚杰的儿童心理发展论是一种整体结构发展的阶段论。上述的结构仅仅是认知方面，此外还有情感和社会道德方面，他认为由这三者形成一体的发展才能算是整体结构的发展。他还断定，这个时期儿童心理发展的特点是由自我中心主义向脱离自我中心即社会化的发展过渡。

自我中心主义向脱离自我中心的过渡。根据皮亚杰的研究表明，儿童从出生到 18 个月以前，一切事物都以他自身或自己的动作为中心，也就是知觉客体的永久性表象出现以前，儿童完全是个自我中心主义者。他不知道自己只是客观世界的诸客体中的一个客体，世界的一切都像“动画片”一样在脑中瞬息过去变动不拘的。只有到第一大阶段末期出现客体的永久性知觉，才迈出了“脱离自我中心”的第一步。以后随着语言和信号性功能引起了表象并和他人开始交流，儿童的表象世界不仅包含种种客体的表象，还有和交流者的观点协调、辨识和调整，而这一些也正是运算思维必须具备的前提。由于这一前提的形成发展，儿童就从自我中心向脱离自我中心过渡，以至于儿童的心理品质不仅适应物质世界，而且适应人与人之间的社会世界。为此，这种认知方面运算发展过程的结构也就和情感结构、社会道德等各方面的结构形成一个统一体的整体结构发展着。在漫长的第二大阶段（2—12 岁）内完成了自我中心向脱离自我中心的过渡。再前进一步就是第三大阶段的形式运算思维和社会化时期。

总之，2—12 岁是皮亚杰发生心理学的中心即儿童心理学。内容是极其丰富的，许多巧妙的实验设计，许多生动的描绘和奇特的分析，主要也是他这个时期的研究杰作。不过，正如美国的大多数心理学家所说，对皮亚杰的这些成就非常敬佩，但对他的术语、说明等不敢领教、照搬。原因是皮亚杰从理性主义出发，把心理发展仅仅看作逻辑思维的形成和发展，而逻辑思维又被归结为动作和内化动作的运算（即内部动作或意动）。这些出自布连塔诺和符兹堡学派等唯心论的动作、结构等概念本身是很难客观化和进行实验的。如今皮亚杰虽然千方百计地做了实验研究和解释，然而有些似是而非，比较玄妙，致使一些心理学家采取敬而远之的态度，尤其在讲求实际的美国人的心目中更是如此。

形式思维的命题运算阶段。这个阶段的实质是抽象概念的形式思维或符号逻辑思维。在这时期内，皮亚杰着重研究了儿童（11、12—15、16 岁）

关于符号系统的数理逻辑演绎和推理的发展。

第一，关于这个阶段即形式命题运算阶段的特点。

儿童的思维从具体事物解放出来，可以把形式和内容分开。确定形式的命题，也就是高度抽象的概念，如数字的符号之类，皮亚杰认为只有这时才从根本上脱离自我中心。

由于摆脱了具体事物的缠绕，有利于把兴趣朝向未来的发展方向，因而青年期除适应现实外，还具有远大理想，并开始掌握为理想所需要的理论。

随着语言的精确和灵活使用，也有助于儿童运用命题和假设进行系统的组合和演绎推理。皮亚杰应用现代的定性代数学来代替传统的统计研究方法，认为这样的特点在于提供给正常儿童能利用各种潜力的一张目录。意思是，虽然不是青年期的人们都能做到这些，但他们的认识行为中实际上蕴含有这些思维能力。

由于思维形式的变换（由具体形象思维变换到抽象形式思维），也改变和发展了青年期儿童的情感和社会方面的冲动。

以上这些特点就形成了这个时期儿童形式思维的逻辑结构整体或系统，以致一生不变。

第二，形式思维逻辑结构体系的基本结构及其关系。

1. 组合系统。形式思维摆脱具体事物，就可以从诸事物中抽象出某一方面或某一因素或几方面，几个因素来进行组合或排列成系统，从而用演绎推理的方式做出预测和实验考查。

如皮亚杰举例说，将五只瓶 A、B、C、D、E 交给儿童，每瓶装着无色液体。如果 A、B 和 E 瓶中的液体相混合可得到黄色，而 B 是漂白剂，D 是净水。实验要求儿童去发现得到黄色的组合，并检定 B、D 的作用。

实验表明：7—11 岁的儿童一般是用两只瓶一次一次地相继混合，然后又把五只瓶的液体混合在一起。这就是说，他们缺乏组合、排列的系统运算方式的能力。可是12岁以后的儿童，就能把五只瓶的液体作为5种物体，并且由每一物体和其他物体进行可能组合的方法，终于解决了问题。这就是说，该年龄的儿童可以进行诸物体组合的运算推理，他表现出摆脱了具体事物的阻挠进入抽象思维阶段。

2. 命题组合。组合系统包含了物体和物体、概念和概念，以及命题和命题的组合。所谓命题的组合，就是不用具体事物，只是一些判断即命题进行的组合和推理。

例如7、8岁的儿童能够做到下面的组合和推理即，p是一个命题，$\bar{p}$是它的否定；q是另一命题，$\bar{q}$是它的否定，两者结合得 $p\cdot q$（这动物是一只天鹅，它是白色的）或$\bar{p}\cdot q$（它不是一只天鹅，但是白色的），$p\cdot\bar{q}$（它是只天鹅，却不是白色的），或$\bar{p}\cdot\bar{q}$（它不是天鹅，也不是白色的）。皮亚杰认为这个组合系统只是一种“群集”即表象观念的组合，所以7、8岁的儿童也能解决。

但是，如果除运算符号如“·”表示结合外，再加上“V”表示“或”，这就推导出16个组合即① $p\cdot q$、② $p\cdot\bar{q}$、③$\bar{p}\cdot q$、④$\bar{p}\cdot\bar{q}$、⑤ $p\cdot q V p\cdot q$、⑥ $p\cdot\bar{q} V \bar{p}\cdot q$、⑦$\bar{p}\cdot\bar{q} V \bar{p}\cdot\bar{q}$等。这就是说，用一项组合成四个，二项结合成六个，三项结合成四个，四项结合成一个，再加末项不取任何其他一项只本身一个。实际上这就是代数中排列和组合的二项式公式推导式即

$(p+q)^4=p^4+4p^3q+6p^2q^2+4pq^3+q^4$ 它们的系数相加

则得 $1+4+6+4+1=16$

显然，没有学过上述代数的青年是推导不出来的。皮亚杰则认为，只要到这年龄的青年就有这种潜力，言下之意如笛卡儿所说，理性能力是天赋的，而且“人人均等”的唯心论而已。

3. 两种可逆性形式的整合系统。前面在具体运算思维阶段中说过，那时儿童对可逆性的两个特性逆向和互反，是各自孤立起作用的。现在则两者组合成为一个统一系统而且是不可分的，在运算上成为一个

整体，并产生四种变换形式：正面(I)、逆向(N)、互反(R)和互反的逆向或称对射、对偶(C)。

例如，12—15岁的儿童看到某一运动的物体停止，随即见到电灯泡发亮，如果他要理解这现象中两者的真实关系，可能首先假设：发亮是停止的原因，用符号 $p \supset q$ 表示（p发亮包含着停止）。要证实这一假设，则可用反证：$p \cdot q$（因为按数理逻辑 $p \cdot \overline{q}$ 是 $p \supset q$ 的逆向或否定）。或者相反，他也可假设，停止是发亮的原因或原因的指标，则用 $q \supset p$，（因为 $q \supset p$ 是 $p \supset q$ 的互反）。为了证明 $q \supset p$，则又用反证 $\overline{p} \cdot q$。这样就形成了四群形式的变换即

正面 I（恒等性变换）$=p \supset q$；

逆向 N（逆向性变换）$=p \cdot \overline{q}$；

互反 R（互反性变换）$=q \supset p$；

C 对射（对射性变换）$=\overline{p} \cdot q$。

它们的组合可成为 N=RC、R=NC、C=NR 和 I=NRC 即构成了四个变换组成群的综合性结构，儿童掌握了这个结构就能较容易理解比例关系、双参照体系和概率等概念。例如，天平上的重量和两臂长度之间的关系（$\frac{W}{L}=\frac{2W}{2L}$）、速度和时间的关系（$\frac{S}{T}=\frac{nS}{nT}$）、概率（$\frac{X}{Y}=\frac{nX}{nY}$）等。

例如，在具体运算水平阶段的儿童不能正确理解下面的问题，即蜗牛在一木板上向前爬行，而木板向相反方向倒退。该儿童能理解和正确运算，但不能预见如果木板的移动补偿了蜗牛的爬行时，那么在客观上蜗牛即使前进了，而实际上仍保持不动。这就是说具体运算阶段的儿童还不会利用参照体系，但是如果掌握了变换形式的儿童，就能利用 I · R=N · C 的变换式，指出：蜗牛向右移动（I正面），木板向左移动（R互反）；蜗牛向左移动（N逆向），木板向右移动（C对射），所以蜗牛仍保持不动。

以上这些就是皮亚杰关于儿童心理发展的最高阶段，并且在今后一生也仅仅朝着这一方向继续发展，这就不能不引起以下几个问题：

第一，把心理发展归结为数理逻辑的发展是否全面，虽然他也提到情感和道德，社会的方面和认知是统一整体发展的，然而他却认为其他方面的发展是认知决定的，而认知又仅仅归结为动作及其内化的运算。这种以偏概全的做法是自有心理学派以来的共同倾向，皮亚杰是否也属同调？

第二，个体的心理发展以青年期为高点，这也是传统心理学定下的调子，而皮亚杰更以形式附逻辑思维为人类个体心理的最高点，那么辩证思维呢？后来，皮亚杰提出结构主义的发生认识论，将心理学和各种科学发展的认识史联系起来，这也是一种创造。下一节就简略地谈谈这方面的情况。

第三节

结构主义的发生认识论

皮亚杰的发生认识论，从胚胎发生学开始，研究每一年龄阶段儿童心理的个体发生，以至于各种科学的发展史，将生物学、心理学和逻辑学统一起来，研究人类认识的发生发展史。它的目的在于“研究各种认识的起源，从最低级形式的认识开始，并追踪这种认识向以后各个水平的发展情况，一直追踪到科学思维并包括科学思维”。

皮亚杰的发生认识论，在本质上是认识论的，又是心理学，是用心理学的实验以逻辑符号来阐述和论证人类知识和智慧的发生发展问题。皮亚杰认为，他的发生认识论通过发生心理学将结构主义和建构主义统一起来研究认识的起源，它有跨专业的性质，今从这两方面评述于下。

一、结构主义和建构主义的统一

皮亚杰认为，认识结构既不是来自客体，也不来自主体本身，而是来自主客体相互作用即活动的建构。这种建构从最初级的生物学性感知运动的动作图式，到表象的具体运算，再到概念思维的形式运算，是一种继续不断的建构过程。他说："认识的获得必须用一个将结构主义和建构主义紧密地联结起来的理论说明，也就是说，每一个结构都是心理发生的结果，而心理发生就是从一个较初级的结构过渡到一个不那么初级的（或较复杂的）结构。"（皮亚杰著，王宪钿等译《发生认识论原理》）1968 年，皮亚杰发表《结构主义》，书中第一章提出结构主义的三大特征即整体性、变换和自我调节。

皮亚杰指出，他的整体性概念不是原子的集合，也不是按格式塔学派的静态规律形成的。重要的是，我们要讨论的整体结构概念，不是静态的形式，而是存在的转换系统，结构的整体性依存于构成它们的规律，而这些规律必定从属于正在构建的本性即它的二重性或两极性。也就是说，正在建构着的和已构成的结构（两极）总是同时发生的。皮亚杰还指出，关于结构主义的这种本性，可以通过语言学和心理学的结构主义历史的分析来理解（这在下面讲）。不过，他认为转换是在内部进行的，这就是自我调节的作用。

在这里，皮亚杰提出节律、调节和运算作为自我调节和自我维持的三种基本机制。他说，从控制论观点看，运算是一种完善的调节。它意味着运算系统本身能排除错误，因为每次运算有逆运算进行系统的调节。例如，减是加的逆运算，除是乘的逆运算。同时，这种结构有无限的等级，它不限于数理逻辑的结构，它还按照调节的规律转换结构。例如，除数理逻辑结构之外，还有语言学的结构、社会学的结构和心理学的结构等，而转换的规则则依赖预期的和正确的相互作用即反馈。在说到节律时，他说，这种生物节律和周期性的研究近年来已经成为完全新的学科，有它自己的专门数学和实验研究的技术。从皮亚杰的结构主义和构建主义的统一说来看，他的结构变换以及正在建构着和已构成的结构同时发生恰好表明，变换和建构都按固有的图式进行的，即结构和结构之间的质变是内部变换的，教育和环境实质上对自我调节不起作用。因此，在这里，皮亚杰把节律、调节和运算作为自我调节的基本机制，并没有改变他的体系强调质变的实质，亦即没有解除人们对他的思想体系中有先验图式论的嫌疑。

二、关于跨专业的理论

1979年在《心理学年鉴》杂志上刊登了皮亚杰一篇题为《心理学和其他科学的关系》论文。论文开头说："心理学在科学家族中占有关键性地位。在科学之林中，心理学在不同程度上和其他的每一门科学互相依存。它依存于其他科学，相反，在不同的方面，其他科学也借助于心理学。"这些话的含义，实际上就是通常人们说的，凡是有人在活动的地方就有心理学。因为任何科学，总是通过人的活动和认识才形成发展的。人应用科学知识技术去认识某一科学对象、发现规律，从而该科学的形成发展也打上了人的心理智能烙印。科学技术越进步，人的认识能力越深刻，越能推动科学发展，人们心理智能也就愈加深入科学体系的认识并留下痕迹。这在理论上是无可非议的。问题是如何正确地分析它们的关系，下面就是皮亚杰的分析。

■ 心理学和生物学

在心理学和生物学的关系中，皮亚杰认为有两方面特别能互相启发。一方面属于生理学的是关于有机体生命的科学，在这方面当前知道得较多的是关于脑和神经系统行为细节的反馈现象；而习性学可以说是心理学和普通生物学的分支。另一方面在遗传机制或形态学中，这些机制和条件行为的一般器官传递形式是否严格同一还不清楚。但是他说，现在我们认为行为不只是进化的结果，而且是促进进化的因素之一。事实上他已写了一本书，主张行为是进化背后真正的主要驱力。他认为似乎可能在心理学和生物学之间的这些联系的知识知道得越多，那么心理学从生物学方面说明中枢机制的有效解释就越大。相反，如果现代心理学家有较多的生物学知识，那么纯粹的行为主义者就会少一些，而对斯金纳的“黑箱子”，就会提供更有效的假设，皮亚杰自称“这对我说来，似乎是明显的”。

■ 心理学和逻辑数理学科的关系

心理学和数学相比，显得十分年轻、落后。皮亚杰称逻辑数理完全是一门自律的科学，数学家提出一个新命题，完全不像心理学家提出新命题时那样，“要注明它的实在内容是否真的有效”。不过，他认为即使两者相差很大，我们在研究儿童智力结构过程中也已发现，两者之间仍有惊人的聚合。例如，数学家鲍培基的结构主义学派概括了当前的数学结构而提出“母结构”概念，把其他结构看作母结构的分化及其结合。这样在母结构之下就有：

1. 可逆运算的代数结构；
2. 顺序结构；
3. 拓扑结构，即三种子结构。

皮亚杰指出，在听到这个学派的工作之前，他就已经发现在儿童那里获得最早的这些结构。例如：

1. 在处理班级和他们的座位（结合和排斥）以及对圆形、方形和三角形进行分类，正是上述意义的代数结构即群集结构；
2. 在支配一系列关系时的顺序结构，例如年满 7、8 岁的儿童就能按很小的差别挨次排列不同长度的 10 根木棒，知道 E 棒 >D、C、B、A 又 <F、G、H、I。

3. 以区域、范围和界限等为基础的拓扑结构。

他说，数学家创造的抽象结构和儿童形成非常具体的结构之间的聚合表明，整数 1、2、3、4 这个自然数是个自然结构，对儿童来说也是一样的。因为儿童们也是通过代数结构和顺序结构的结合才建构起来的。他说："从这里可以证明，数学的根源在人类自发的认知活动中是寻找得到的，甚至也可以在没有科学思想的幼儿、纯朴的人中找到。"他还进一步指出，作为逻辑和数学创造者的主体，是个物理的物质客体。这个客体在对其他客体发挥着许多生理作用，如群集、排列等。所以当他建构逻辑—数理运算时，作为生理有机体实现着物质的活动。"在这里是进一步证明，如果数学不是由心理学产生的，那么它的来源是在个体的活动中，而个体有机体是有高度适应性和内在结构的物理实体，并且通过心理学做出认识的。"数学创造不是数学家对客观事物中数理关系的反映，而是从他个人的心理结构生出的，这恰好表明了皮亚杰的理性主义观点。而这种观点在哲学上叫作心理主义的。

■ **心理学和人文科学（语言学、经济学和社会学）的关系**

皮亚杰认为，心理学和自然科学的关系是一种联系的关系。而和人文科学的关系则是交叉关系。例如，他认为心理学和语言学、经济学既有关系，又有冲突，因为它们之间彼此有互相支配或调节的关系。而心理学和社会学则是一种联防的关系。在这里皮亚杰提到"时代精神作用"。他说，牛顿和莱布尼茨同时发明微积分，达尔文和华莱士同时发现进化论，而且他们都是在彼此不知道的不同地点发现同一理论的。他说："在这样的情况下，似乎时代精神的作用乃是一种共同的调节系统，作用于超越社会和个人的水平。"这就是说，在皮亚杰看来，微积分和进化论的发现是一种超社会和超个人的时代精神调节系统的产物。那么这个时代精神是什么？柏拉图的理论，还是黑格尔的绝对精神？只能由皮亚杰自己回答，因为关于时代精神的理解是各人不同的。

■ **心理学和物理学的关系**

在这里皮亚杰先提到心理学和控制论的关系，他是从信息加工和人工智能来和心理学比拟的。他认为控制论推动心理学“向高水平的平衡移动”，而“生物学和心理学经常用事实的例子补充控制论，要求有越来越复杂的自我组织系统……”

在心理学和物理学的关系中，他提出思想的物理学，说现代的物理学家已不满足于静态的、不活动的物理现象的研究，要求从动的生物物理学和生物化学方面研究物理现象。他认为，当观察者去解释他看到的东西时，就把主体的运算插到客体中去。这样，就把客体归属于运算者并且说明了他们的不同行为。他说，这种模式是借助于研究者的运算构成的，而且这种模式被理解为在现象的中心发现了这些运算。“所以我们就不再直接描述可观察的东西而得到在考虑构造法则时的原因。这个原因既是客观的，也是在我们外部的。而我们就能够幸运地理解它们和我们的逻辑—数理结构的类似。”“事实上，群集是一种转换系统，如果我们把它投射到真实的世界，我们就能够识破构成世界转换的原因。”群集是构成世界转换的原因，而群的结构本身又是主体参入客体的活动的内化了的运算。这样，世界的转换或变化就归因于主体或主体的活动了。这样，原来的客观世界运动就变成了主观结构的外化！

第四节

发展心理学的发展

个体发展心理学是发展心理学中的一个核心部分。发展心理学是研究心理发生发展规律的科学。发展心理学有广义和狭义之分。广义的发展心理学包括比较心理学、民族心理学和个体发展心理学。狭义的发展心理学就是个体发展心理学。

个体心理发展是指人的个体，从出生到衰亡的整个过程中的心理发展。人的一生经过婴儿期、幼儿期、童年期、青少年期、中年期和老年期各个阶段；个体的心理在不同阶段之间和各个阶段之内都不断地发展变化。个体发展心理学的研究对象就是人的个体心理发展规律，也就是自我意识的产生发展规律。发展心理学的发展经历了一个发展变化的历程，它的大体情况如下。

一、科学儿童心理学的诞生和演变

20 世纪中期以前，个体发展心理学研究儿童心理发展，被称为儿童心理学。科学的儿童心理学的诞生也经过一个准备和形成的过程。

■ 儿童心理学诞生前的准备阶段

在中世纪时期儿童并未被作为个体发展的重要阶段来对待，只被视为“小大人”。文艺复兴以后，人本主义思想家和教育家们以自然主义的教育思想为指导，提出了解儿童、尊重儿童的基本教育观念，认为在儿童教育中要以“儿童的天性”为依据，应遵循“自然的法则”的教育思想。这些教育观念和思想直接推动了对儿童发展和儿童心理特点的研究。随后，福禄贝尔（P. Forebel）、达尔文等不仅继承了上述思想，还采用观察法、传记法等进行了实际研究，写出了儿童心理学早期的研究成果（如达尔文所著《一个婴儿的传略》）。这些思想和研究成果都为科学儿童心理学的诞生奠定了基础。

■ 科学儿童心理学的诞生

儿童心理学的创始人普莱尔（Preyer）是德国的生理学家和实验心理学家，他用观察法，跟踪研究自己的孩子从出生到 3 岁，并于 1882 年发表了他的《儿童心理》一书。这是第一本较系统的儿童心理学著作，被公认是一部科学的儿童心理学著作。以后有一些重要的先驱和开创者，如霍尔、鲍德温、杜威、卡特尔、比纳、施太伦等，他们都以各种出色的成就，为这门科学的建立和发展做出了各自的贡献。

在科学儿童心理学的演变与发展过程，中国儿童心理学也具有应有的地位。早在1925年中国儿童心理学开拓者陈鹤琴发表《儿童心理之研究》（上下册）由商务印书馆出版，这是我国儿童心理学的一本开拓性和奠基性的著作。随后有黄翼、艾伟、萧孝嵘、孙国华、陆志韦等对儿童心理学做出贡献。中华人民共和国成立后对儿童心理学曾做出贡献的有潘菽、朱智贤、阮镜清等。此外有重大研究课题成果的代表如刘静和、刘范、曾性初、朱曼殊、缪小春、李伯黍、韩进之、查子秀、茅于燕、林崇德等。

二、发展心理学研究的新进展

20世纪70年代以来发展心理学的研究出现了一些新的突破性进展，也出现了某些新的发展取向。

揭示了婴儿心理发展能力。在20世纪60年代以前，传统的观点多认为新生儿是软弱无能、消极被动的生物个体。后来由于方法学上的突破，大量的研究揭示了新生儿具有了不起的适应环境的能力和反应外界刺激的能力，如新生儿和婴儿都具有惊人的感觉能力。

儿童社会化的问题受到普遍的重视。对儿童社会性发展的研究取得了越来越多的丰富的资料。许多著名学派的新兴派别，几乎都修正了原有学派忽视儿童社会性发展的缺点，重视儿童社会性的研究。

儿童认知发展阶段的理论获得了新的突破。一些新的研究改变了皮亚杰的实验设计，降低了实验的难度，修改了实验方法，结果发现，儿童认知发展的阶段并非是截然分开的；同时发现年幼儿童已经具有很多重要认知能力。

毕生发展的观点日益为广大心理学家接受，成年心理发展的研究取得了长足的进步。发展心理学的内涵已经由研究儿童的心理发展规律转变为研究个体毕生心理发展规律。

系统的观点已经渗透于发展心理学的研究中。皮亚杰的《发生认识论》运用了系统思想。随后，在发展心理学研究中，整体性、动态性、联系性和开放性等一切系统方法越来越广泛地被发展心理学研究者接受，把心理发展作为自组织系统来分析，已经渗透到发展心理学的研究中。

第五节

先天还是后天，阶段性还是连续性

发展心理学是心理学的基础理论学科之一，所涉及的基本理论有关于心理发展的动力、心理发展的进程、影响心理发展的因素等。

一、心理发展的动力

心理发展的动力是指心理发展由什么决定的，制约心理发展的因素大体可以归为两类：一是遗传因素；二是环境因素。

■ 对遗传和环境问题的认识的转变

20 世纪以前，学者们认为，遗传和环境在心理发展中的作用是不可调和的，持“非此即彼”的观点：主张心理发展是由遗传决定的观点，称为遗传决定论；主张由环境决定的，叫作环境决定论。遗传决定论的代表人物是英国的高尔顿，他在《遗传的天才》(1914) 一书中断定“人的能力是得自遗传”。他们曾说过“一两遗传胜过一吨教育”。显然，遗传决定论具有明显的片面性。

环境决定论的代表人物是美国的华生。他从行为主义心理发展观出发，认为环境和教育是行为发展的唯一条件，主张教育万能论。他的名言：“给我一打健全的体形良好的婴儿，和一个由我自己指定的抚育他们的环境，我从这些婴儿中随机抽取任何一个，保证能把他训练成我所选定的任何一类专家——医生、律师、商人和领袖人物，甚至训练成乞丐和小偷，无论他的天资、爱好、倾向、能力、禀性如何，以及他的祖先属于什么种族。”这种武断地否认遗传在心理发展中的作用的观点，显然也是片面的。20 世纪中叶人们发现，遗传因素和环境因素在心理发展中的作用都不能否认，只是两者的作用不同而已。于是提出了两者相加或者相乘的二因素论。

20 世纪三四十年代以来，遗传与环境相互作用的观点逐渐为多数学者所接受，他们从不同的方面阐述遗传因素与环境因素在儿童心理发展过程中的相互联系、相互影响的动力作用。遗传与环境在心理发展中的作用是相互依存和渗透的，即没有环境因素，遗传因素的作用无从体现；反之，没有遗传因素作为最初的基础，环境无以施加影响。

■ 遗传因素作用的可控性与可变性

遗传因素对心理发展的作用并不是注定不可改变的，也不是不可以控制的。这表现在某些遗传因素所决定的不良倾向，可以通过环境的作用得到防止和纠正。人们也可以利用环境来促进良好遗传的发展方向。例如，苯丙酮尿症这种遗传性疾病，通过适当处理与之有关的环境，遗传的作用就会在很大程度上受到限制；又如，体征一般是受亲代遗传因素所制约，但是由于整个生活环境的改变和提高，身高和体重之类的体征一般会高于亲代；再如，环境在心理机能发展方面的作用，可以通过环境的贫乏化和环境的丰富化两方面得以说明。

二、心理发展的历程

学者们对心理发展的历程有两种不同的观点，这就是心理发展的阶段性和连续性的问题。

■ 心理发展的阶段论与连续论

阶段论。阶段论认为心理发展的进程是不连续的，是分阶段进行的，各个不同的发展阶段都有与其他年龄阶段不同的心理的质的规定性。

连续论。连续论观点主张心理发展是连续的，是没有什么阶段的。他们认为阶段论者只看到表面现象，没有发现不同年龄阶段之间心理发展的渐进的变化。

划分心理发展的阶段应以心理发展事实为依据，也有的学者采取心理发展以外的其他指标作为依据，如以生理发展的指标来划分，以与种系发展的阶段相对应来划分，还有以现行学制，即强调儿童心理的实际应用方面来划分的。各学者所持的观点不同，所依据的材料也有区别，所以出现不同的阶段划分。

■ **皮亚杰以认知发展的标准划分心理发展阶段**

当代发展心理学最有影响的理论是皮亚杰的认知发展理论。皮亚杰认为人的心理（智力、思维）既不是来源于先天的成熟，也不是来源于后天的经验，而是来源于主体的动作。主体通过动作对环境的适应是心理发展的真正原因。皮亚杰以主体适应环境的主导方式，即认知结构的性质为依据把儿童心理发展划分为四个阶段：

1. **感知运动阶段**（0—2岁）。这个时期的儿童主要凭感知运动手段反映外界刺激，协调并适应外界环境，其智力活动处于感知运动水平。
2. **前运算阶段**（2—6岁、7岁）。这个时期开始，儿童具有表象思维，有运用符号的能力，其智力活动处于表象水平。
3. **具体运算阶段**（7—11岁、12岁）。这个时期儿童的认知能力能够摆脱知觉的局限，获得概念的稳定性，达到守恒。对具体问题可以进行逻辑运算，思维具有可逆性。其智力活动处于获得概念稳定性，进行逻辑思维的阶段。
4. **形式运算阶段**（11岁、12岁—14岁、15岁）。这个时期儿童的思维形式能够从具体内容中解放出来，能够提出假设，凭借演绎推理、归纳推理解决抽象问题，其智力活动达到抽象逻辑思维阶段。

■ **柏曼以生理发展为标准划分心理发展阶段**

柏曼（L.Bennan）以内分泌腺功能优势为标准，把儿童的发展划分为胸腺期（幼年）、松果腺期（童年）和性腺期（青年）。这种把心理的发展等同于生理的发展，又把生理的发展仅仅归结为内分泌腺体的变化的划分是不适当的。

■ **弗洛伊德按其情欲说划分儿童心理发展阶段**

精神分析学派的创始人弗洛伊德主张心理发展的动力来自性本能，并强调人有追求自我快乐的本能，追求性欲的满足就是心理发展的内驱力。弗洛伊德把与生存本能联系并用以满足机体的性的需要的心理能量称为力必多（LiBido），有追求自我快乐的本能，追求性欲的满足就是心理发展的内驱力。在儿童发展的不同时期，力必多集中投放于身体的特定部位，以此为标准将儿童的心理发展分为不同的阶段：口唇期（0—1岁）、肛门期（1—3岁）、前生殖器期（4—5岁）、潜伏期（6岁—青春期）、生殖器期（青春期）。

■ **艾里克森以人格特征为标准划分个体心理发展阶段**

新精神分析学派的代表人物艾里克森的心理发展观与弗洛伊德的区别在于他既承认生物因素的影响，也重视社会因素在心理发展中的作用。他认为个体人格的发展过程是自我与周围环境相互作用和不断整合的过程。1982年他发表《生命周期的完成》，提出全程发展理论，以人格特征为标准把个体一生划分为8个阶段，同时指出了每一个阶段的主要发展任务：

第一阶段为婴儿期（0—1岁半），发展的任务是获得信任感，克服不信任感的体验，同时指出这一个阶段的主要发展任务希望实现的是，儿童获得的积极成果是体验身体舒适和安全感。

第二阶段为儿童早期（或称学步期，1岁半—3岁），发展任务是获得自主感，克服羞耻感和疑惑，体现着意志的实现，积极的成果是坚持的能力和自主的能力。

第三阶段为学前期（或称游戏期，3—6岁），发展任务是获得主动感和克服内疚感，体验到目的的实现；积极的成果是掌握新任务的主动性。

第四个阶段为学龄期（6—12岁），发展任务是获得勤奋感，克服自卑感，体验着能力的实现；积极的成果是创造力发展和掌握技能。

第五阶段为青年期（12—18岁），发展任务是建立同一感，防止同一性混乱，体验着忠诚的实现，积极的成果是自我同感能力的发展。

第六阶段为成年早期（18—25岁），发展任务是获得亲密感，避免孤立感，体验着爱情的实现，积极的成果是亲密感。

第七阶段为成年中期（25—50岁），主要获得繁殖感，避免停滞感，体验着关怀的实现，积极的成果是关怀后代。

第八阶段为成年晚期（50岁以后直到死亡），主要为获得综合的完善感，避免失望和厌恶感，体验着智慧的实现，积极的成果为体验完成人生的使命感。

■ 列昂节夫以儿童的主导活动为标准划分儿童心理发展阶段

列昂节夫是维果茨基的学生。维果茨基认为人的高级心理机能是社会文化历史的产物，个体心理发展是在社会中、在人际交往中实现的，并提出了“文化历史发展理论”。列昂节夫是活动理论的一个倡导者，以主导活动为依据，1975年发表《活动、意识、个性》，将儿童心理发展划分为6个年龄活动时期：

1. 直接的情感性交际活动（0—1岁）。
2. 操作实物的活动（1—3岁）。
3. 游戏活动（3—7岁）。
4. 学习活动（7—11岁）。
5. 社会公益活动（11—15岁）。
6. 专业的学习活动（15—17岁）。

■ 施太伦主张复演说，以种系演化作为分期标准划分儿童心理发展阶段

他从广义发展心理学的角度，用心理的发生和发展的演化历程把儿童心理发展的历程划分为3个阶段：

1. 幼儿期（6岁以前）。相当于从哺乳类动物到原始人类的阶段。

2. 意识的学习期（从入学到13岁）。相当于人类古老的文化阶段。

3. 青年成熟期（14—18岁）。相当于近代文化阶段。

从上述不同学者对心理发展阶段的划分中看到，由于观点和划分依据的区别，各种划分是有不同的；同时也看到不同学者所划分的阶段，在儿童的年龄上还是小异而大同的。

在我国的儿童心理学教材中也有不同的阶段划分，通常采用的是把年龄和学制结合，分为婴儿期（1岁前）、前幼儿期或婴儿晚期（1—3岁）、幼儿期（3—6岁、7岁）、童年期（6岁、7岁—11岁、12岁）、少年期（11岁、12岁—14岁、15岁）、青年初期（14岁、15岁—17岁、18岁）。

三、心理发展的阶段性和连续性是统一的

上面介绍了几种发展阶段的划分，这并不能作为对连续发展论的否定的依据，但是可以说明阶段性的存在。事实上心理发展既有阶段性，又有连续性，两者是统一的。这可以从以下几点得到说明。

■ 心理发展速度的变化

心理并不是匀速发展的，有发展的快速期和进展较为缓慢的平稳期。由于发展速度上的这种不平衡，心理进展的连续性就被快速期中断，成为不连续的进程。也就是说，以发展的快速期作为分界点，发展的进程呈现出一个个不同的阶段。

■ 阶段性与连续性的统一

心理的发展包含着量变和质变的矛盾运动过程。在心理发展的快速期，起主导作用的心理过程或心理特征发生急骤的更替，这是一种质的飞跃，表现为阶段的划分。每一种心理过程或心理特征都不是在瞬间产生的，在产生之前都有孕育过程，即在质的飞跃之前有量的逐步积累；在新的心理过程或心理特征形成之后，还要继续发展，还要积累新质，准备新的飞跃；即使在发展的快速期，也不是将前后发展

进程截然分割，而且快速期本身也有一段发展过程，也包含着一定的渐变。所以说，在心理发展的任何时刻都体现着质变和量变的统一关系，都表现为阶段性与连续性的统一。

四、年龄、教育对心理发展的关系

■ 年龄与心理发展的关系

在介绍儿童心理发展的阶段性时，看出阶段的划分同儿童的某些年龄阶段相当。这里所说的年龄阶段有两层含义：其一，表示时间的长短；其二，表明心理发展阶段与年龄阶段的大致对应关系。但是不能由此就认为心理发展就是由年龄决定的。心理发展和年龄的关系可归纳如下：

年龄是心理发展的一个维度。心理发展是心理在时间上的变化过程，离开时间就无从谈起心理的发展。人的成长所经时间以年月计算，这就是年龄。年龄是心理发展的一个时间维度。

心理发展的水平同年龄之间的大致对应的关系表现为：

1. 作为心理的生理基础的机体是随年龄而成长的；个体与环境相互作用的经验也随个体年龄增长而积累。因此，心理的发展有一个随年龄的增长而上升的趋势，表现出心理发展水平同年龄之间有一个大致对应关系。
2. 心理发展在不同的年龄阶段都会出现本阶段所特有的典型特征，这些特征具有相对的稳定性，从而表现出与年龄阶段的大体对应关系。但是这种对应关系并不是机械的，而是相对的。
3. 心理发展与年龄的关系不是因与果的关系。个体心理是在时间维度上发展，主要由遗传决定的生理成熟程度，即用年龄来表示。个体心理发展水平可能在一定程度上提前或推后，表现出发展中的个别差异和不平衡性。这说明心理发展与年龄的关系不是因果关系。

■ 教育在心理发展中的作用

教育具有引导和促进心理发展的作用。对于儿童的心理发展来说，遗传素质是它的生物前提，遗传素质为心理发展提供的是一种预定倾向。心理要发展起来，还必须有环境和教育的作用。教育传授人类的文化知识，同时引导和促进心理的发展。维果茨基提出的“最近发展区”的概念，能够很好地说明教育促进心理发展的作用。“最近发展区”是指在有指导的情境下，借成人的帮助所达到的解决问题的水平与在儿童独立活动中所达到的解决问题的水平之间的差异。实际上这个差异就是教育所带来的发展，被称之为“人为的发展”。诚然，处理得不好的教育也能在某种程度上对心理发展起着促退的作用。教育差别对心理发展的影响大于遗传差别的影响。

教育的效果也取决于选择启发的时期。研究表明，在某些心理过程或心理特征发展的不同时期，教育引导和启发的效果也不一致。在发展的快速期即将出现前的一段时间效果最好，因此这个时期被称为引导和启发的最佳有效期，被认为是儿童最易接受有关教育影响的时期。

教材和教法应适合儿童的认知发展规律。教材和教法符合儿童心理发展特点、适合儿童的认知发展规律，并使之对儿童的发展具有适度挑战性，它不仅可以提高教育效果，而且有利于促进儿童认知的发展。教育具有促进心理发展的作用，而选择最适宜的时机、采取最适合的教育内容和方式是十分重要的。

本章小结

第一，皮亚杰心理学的最大特点是，通过儿童心理学或发生心理学，将生物学和其他科学的认识史联系起来，形成一种结构主义的发生认识论。这是西方心理学史上的空前创举。它扩大了心理学可能研究的领域，改变了20世纪以来西方心理学的生物化学道路，使心理学回到以研究人类心理和知识的发生发展为中心的人类科学范围内，实现了心理学史上又一次否定之否定的历史辩证法进程，确实是有巨大的历史意义的。

第二，从皮亚杰心理学体系的各个组成部分和他的思想发展看，它的成功关键在于适应了心理学发展规律中的思想主流——发生学原则，同时又广泛汲取了前人的研究成果和当代的科学成就，使历史遗产和现代科学结合起来，推动了心理学的发展，影响极大。这和皮亚杰本人60多年的目标一贯、思想敏锐、勤奋一生是分不开的。他将西方心理学史推进到结构主义的阶段是有贡献的。

第三，但皮亚杰毕竟为科学成就及其本身理性主义思想所限。在当代科学还达不到的地方，迫使他不得不做出一些主观臆测的假设和解释。一些困难的问题如关于自我调节和图式的由来和作用，以及某些实验设计和资料的说明中引起人们的疑窦。尤其是关于年龄阶段的划分标准和发展上，由于皮亚杰过分强调内在结构质的差异和转换，而否定教育和环境的作用。

第四，本章后两节以探讨个体心理发展为主要任务，阐述人的个体，从出生到衰亡的整个过程中心理发展，即经过婴儿期、幼儿期、童年期、青少年期、中年期和老年期各个阶段；个体的心理在不同阶段之间和各个阶段之内都不断地发展变化。个体发展心理学的研究对象就是人的个体心理发展规律，也就是自我意识的产生发展规律。

SECTION 14 第十四章

Postmodern Psychology
后现代心理学

人本主义心理学和认知心理学发展到20世纪80年代，由于本身存在的问题而出现了几种新的心理学。例如进化心理学、后现代主义心理学、生态心理学和积极心理学等。这些心理学的共同特点是反对现代心理学的科学主义，主张建设以人为本的新心理学。下面选择几种作为代表加以逐节简介。

第一节

进化心理学

进化心理学的观点和思想，虽然还未形成体系，但由于它解决了人的心理机制起源和由来的问题，弥补了传统心理学长久以来未能解决的缺陷，因而引起广泛的注意和兴趣。

1989年美国心理学家巴斯（David Buss）等提出进化心理学，被称为这一新心理学派的主要创始人。首先，他检讨了心理科学以来连续不断出现的学派和学派纷争，以及各个小型理论丛生，致使整个西方心理学处于分崩离析各自为政的局面。他们指出，造成这种局面的根本原因在于缺乏一种元理论来统一指导和整合各种心理学的思想观点，而心理的进化观可以担负起这一使命，行使容纳、概括各种各样互相冲突的理论和观点，成为统一心理学的这一任务。他们还指出，传统的主流心理学把遗传和环境、遗传和教育、先天和后天、生理和文化、本能和推理对立起来，强调某一因素的作用，否定另一因素；事实是，有机体的任何表现都是基因和环境的相互作用的共同产物；任何群体之间的差异和群体内成员之间的相似性，都是基因和给基因提供输入的环境刺激两者相互作用的结果。他们认为，环境和基因一样也是进化的产物。其中遗传素质是环境发生作用的前提条件；人的心理机制是人类进化的产物。为此，他们反对心理白板论和经验主义。提出心理学的中心任务就是发现、描述或者解释人的心理机制是怎样产生发展的，是在漫长的进化过程经过自然选择和适应逐渐形成的心理机制，在人的认知结构中留下深刻痕迹的结果。为此，他们也反对环境决定论，不同意将后天的社会文化环境看作是人的心理行为产生发展的决定因素；恰恰相反，心理进化的动力是有机体自身生存和外部环境的压力，是人对环境压力的选择和适应的结果。其中社会压力和适应是人的心理机制进化的动力。进化过程大量的压力通过适应形成种种特殊的模块及其相应特殊功能的心理机制。他们称这些心理机制为“达尔文模块”，它是早期人类社会给人造成的强大选择性压力。而导致自我意识的进化和发展，因而促使心理进化的机制压力是多种多样的。除机体生存和社会的压力外，还有繁殖的压力等。由这些压力引起的适应和进化所形成的心理机制也是多种多样的，从而构成许许多多的心理机制。他们称由这些心理机制构成的是一种“达尔文模块”的“瑞士军刀”结构。所谓“瑞士军刀”结构，指的是各种不同工具（达尔文模块）所集成的不同组合，结构中每一个工具都具有特定的功能，人的心理中就有一些认知工具（即模块）装配起来的特定机制。这些特定机制也具有不同层次的特殊功能。其中高级层次的具有安排、命令或者监督其他心理机制操作的功能。这些模块及其功能不仅是天赋的、自然选择的，而且功能的分化普遍性也是自然、社会的压力有所抉择和适应而形成的。有机体的行为就是这些心理机制和环境互动的结果。因此他们强调，心理机制进化的动力之一是人类面临的社会环境的压力和适应。所以环境因素对心理机制的进化也能产生一定影响。这是因为生活文化环境不同的人，迫使其采取不同的适应选择，而形成不同的心理机制，从而表现出种种不同的生活方式和个性特征。

进化心理学的上述一些观点和思想，虽然还未形成体系，但由于它解决了人的心理机制起源和由来的问题，弥补了传统心理学长久以来未能解决的缺陷，因而引起广泛的注意和兴趣，几乎形成一种新的运动。心理学家想借以研究心理健康和教育发展问题时，能够比较清晰地回答遗传、环境、教育和先天、后天、生理、文化，谁的作用大以及什么起决定作用等一系列传统上纠缠不清的难题。

进化心理学的缺点和不足是尚无足够的系统理论和缺乏有力的例证。而这些问题恰好和后现代心理学中所显示出来的问题具有某些相似性而联系在一起。

第二节

后现代主义心理学

后现代主义心理学是相对于现代心理学说的。其观点对于传统的科学主义心理学的冲击无疑是巨大的。

首先，它对现代心理学的科学主义进行了批评与解构，然后按照后现代主义自身的理解进行了重建。一般说来，后现代心理学产生于20世纪80年代美国社会心理学家格根（Kenneth Gergen）的一次报告。这个报告是他在1988年澳大利亚悉尼举行的国际心理学大会上，以题为“走向后现代的心理学”发表的。之后这一报告的思想得到一些心理学家的支持、传播。该报告遂成为后现代心理学问世的标志。但由于支持者对报告内容的理解角度不同，出现了许多不同的后现代心理学派，其中有社会建构论心理学、建构主义心理学、释义心理学、解构主义心理学、叙事心理学、女权主义心理学、后认知主义心理学、后实证心理学和话语心理学等，虽然这些名目繁多的心理学派之间意见分歧很大，却也具有一些共同点，其中主要的共同思想是对现代心理学主流的科学主义进行了批判和解构。指出科学主义心理学主张二元论的世界观，将人看作生活在主客观的二元世界中，人的心理是一种客观现实在人的心理中的反映，而把这种反映看作客观实在，而且坚持实证主义是心理学研究唯一的客观方法，以及以个体中心主义为研究的取向。它们都坚决反对这些观点和思想，并在共同点的基础上进行了重建。

首先，心理是社会的建构，互动是心理的源泉。指出所谓的知识、心理或意义，其实都是人们在社会生活中彼此之间的互动过程所形成的话语及话语的建构，并没有一个“精神实体”与之相对应，而是社会文化的创造或发明。因此互动是心理的源泉，是通过人与人之间的互动来实现知识、心理和意义的，单个的个体是无法建构的。建构是一种社会现象。一切心理现象包括认知、情绪情感、自我、自我意识和人格等都是个体和社会的互动过程产生的。一切心理都是特定共同体的社会互动的结果。即使是最基本的感觉也是这样。绝不是“外部世界”的信息通过神经系统向“内部世界”的输入。格根就曾经说过，愉快的味觉是社会传统的产物，眼睛既是神经的一部分也是社会传统的一部分。颜色、味道、疼痛等感觉，无一例外地要受到传统的社会文化以及所属群体的影响和制约。

其次，话语是社会建构的中介，话语先于个人存在，是语言结构的形式。它通过社会互动成为建构知识、心理的媒体和中介。因而人们借助话语建构心理的这种中介作用，来理解这个世界和我们自己的术语，这一中介本身也就是一种建构和重构心理的过程。它是特定的历史文化和人际交流过程的产物。同理，情感、意志、认知和人格等也是以话语作为中介建构的社会历史文化的产物。

话语分析是后现代主义研究心理学的基本方法。既然心理是话语的建构与产物，而话语和行动密切联系在一起，心理学的研究只要对建构行为的话语进行分析，分析那些话语如何通过行为操作导致行动的，因而话语分析就成为后现代心理学研究的基本方法。这些方法包括访谈、叙述、写作、观察、调解和争论等。

由此可见，后现代主义心理学的这些观点对于传统的科学主义心理学的冲击无疑是巨大的。可是它将知识、心理和意义看作脱离个体的社会互动以话语为中介的产物和人际关系的结果等这些过激的观点，具有某种模糊与神秘的色彩，大有令人敬而远之的感觉。另外，它着重于以人为本的观点，关注人的心理的社会性具有积极的进取性，这表明它和当前西方心理学的总取向一致，是值得重视和研究的。

第三节

生态心理学

强调内外因的互动与平衡是生态心理学研究的主要任务。人患心理障碍或疾病则表明个体行为与环境配合不良，是生态系统失衡的结果。

早在1955年，生态心理学创立者巴克（Baker）及其同事根据20世纪30年代勒温提出的场论发展成行为情境论。所谓行为情境指的是引发行为的小生态系统。不同的生态系统则引发出不同的行为。人类行为乃是个体内在因素和外在环境相互作用的结果。而行为是个人和环境的函数：B=f(P，E)。从而强调内外因的互动与平衡是生态心理学研究的主要任务。人患心理障碍或疾病则表明个体行为与环境配合不良，是生态系统失衡的结果。

在方法论上，生态心理学倡导将交互作用原则作为主要研究原则。具体说来就是：从探讨思辨中或实验室中的心理向着探讨真实环境中的心理转变；从人的心理内部机制的探求转向对人和环境互动关系的探求。从对理论模型的追问到理论背景与实验设计之间匹配的关系；从分析性思维模式为主转向综合性思维模式。这样生态心理学就补充和修正了传统主流心理学的不足和缺陷，它在一定程度上可以为当代心理学出现的一些理论问题提供新的视角。不过，当时的生态心理学只是心理学的一种新取向。

1992年巴扎克（Roszak）首次公开提出生态心理学一词，并确定该学术来源的研究内容。1994 年 4 月，他在加利福尼亚大学成立生态心理学研究所。以后该研究所逐渐成为环境科学家与心理学家、心理治疗学家两个学术团体之间进行国际间沟通和交流的学术基地。

由于生态心理学研究了生态环境的破坏所引起的人的生理、心理失调和疾病，以及正常的生态环境对治愈人们生理、心理疾病所起到的促进作用，将深层生态学与心理学和治疗学结合起来对生态环境给人们造成良好影响。心理学家则从心理健康的角度呼吁保护生态环境，倡导人们建立正确的生态观念，从根本上解决生态危机，使人们与自然和谐相处等，得到人们的共识，促使生态心理学的诞生。

生态心理学是一种多学科的综合体，内容显得复杂，概括起来有以下主要几点。

第一，整体主义的指导思想认为，生态系统（整个生物圈乃至宇宙）中一切事物都是互相联系，相互作用的，人类只是其中的一部分。生态系统的健康，平衡和完整决定人类生活的质量，破坏它就是对人类自己的损伤。生态问题的关键在于人的生态观念。在这种思想指导下，生态心理学一方面追寻人们的环境意识和环境行为背后的心理根源，为解决生态危机开辟新的途径；另一方面研究自然对人类的心理价值在保护生态的更深层次上重新定义精神健康和心智健全的概念。

第二，从心理学角度探究生态环境问题的根源。认为人类保护自然不仅仅是为了获得持续的，更好的外在生存环境，也是内心本能的需求。在心理学的协助下，生态心理学进一步追溯人类保护自然的行为背后最深层的情感根源。因为：其一，生态潜意识是人的本性。人类与自然界之间除了物理—化学联系外，人的心灵与之还有一种强烈的情感联结。这种情感联结是人类固有的天性，是进化的遗产，故称之为生态潜意识。但是生态潜意识一直被掩盖着、抑制着，所以“情感联结”这种说法一直被看作是神秘的多愁善感的、微不足道的。生态心理学家希望唤醒人们的生态潜意识，使人们认识到保护生态环境乃是人类的本性。是不带任何目的，不讲任何条件的。强调人们对生态潜意识的觉知和认识。其二，解除对生态潜意识的抑制，建立生态自我。生态潜意识长期处于被抑制状态，而且目前的抑制力仍然是强大的。在唤醒人们生态潜意识的过程中遇到的障碍是多方面的：政治模式、文化行为方式和消费方式等，形成这种体制的根源是错误的生态观念。所以要从转变观念开始。第一步是建立生态自我。生态自我是人类个体和自然融为一体的自我。即深层生态学理解的自我。生态心理学家认为，在建立生态自我的过程中要使人们认识到，人类只是生态系统中的一部分。不是与自然分离、对立的个体，从而缩小人与自然的疏离感；同时这个过程也是人对生态系统的认同过程。人与生态系统处于同一共同体，有同样的道德观念和价值标准。生态心理学家还认为，人类对生态系统不仅负有伦理责任，还应该负有法律责任；人们对森林应该有一种忠诚的态度，就像对待亲人、家庭一样；破坏森林就是对人类自身的伤害；保护树木就是保护人类自己，是一种自卫行为，并据此要求受到法律上的承认和保护。生态心理学始终试图以生态的观念调整人们的环境行为，从而影响人们成为一种与自然和谐相处的可持续的，有机的人类共同体。

当前生态心理学取向的作用已显示在以下几方面：第一，为了人的心智健全和精神健康，生态心理学提出“生态潜意识”“生态自我”等概念。从心理学层面理解人与自然的关系，深化人类对生态环境问题的认识。第二，生态心理学的研究给人们带来一项新的“绿色”指标——精神绿色，它将促使人们越来越向往自然，接近自然，将与自然亲近或融合作为一种理念，一种行为，直至成为人类的一种生活方式，确立新的心理健康标准。第三，生态心理学关于生态环境对人的心理价值的认识，探讨自然环境在心理咨询和心理治疗中的作用，开辟了在实验室之外的生态实验新场地。

第四节

积极心理学

积极心理学出现于20世纪末和21世纪初，是经过两次世界性战争的恢复工作后所取得的成果。

积极心理学出现于20世纪末和21世纪初，是经过两次世界性战争的恢复工作后所取得的成果。是人们经济生活得到富裕而兴盛起来后的一种心理学取向。积极心理学反对19世纪主流心理学传统中的消极方面，主张心理学应该研究人的心理的积极方面。研究人们追求健康、幸福生活的取向。它的创始人美国心理学家塞利格曼（Martin Seligman）认为，自心理科学创建以来心理学负担着三大使命：治疗人的心理疾病和精神缺陷、帮助人们生活得更好和培养人才。可是，自“二战”遭受创伤的经济得到恢复后，人们的生活虽然有所好转，但在心理上的问题却不断增多，诸如心理障碍、婚姻危机、毒品滥用和性犯罪等，致使心理学变成一门类似病理学性质的学科，导致许多心理学家不知道如何引导正常人调理自己健康、幸福的人生。他说，这种现象是脱离心理学的本意的，为此他主张心理学要以发掘人所实际固有的潜能，培养人建设社会的能力，良好的美德和健康幸福的生活情操为己任。到了20世纪初积极心理学的这些思想观点得到人们普遍的赞同。2004年美国心理学史家舒尔茨在他的《现代心理学史》第八版中称，积极心理学和进化心理学是当代心理学的最新进展。

积极心理学的观点可以概括为以下几点：第一，指出20世纪机能主义阶段的现代心理学将人的心理视为动物和机器。无视人性的独特性而使心理学处于被动，负面的境地，削弱了人性的积极创新精神，因而弥漫着一种悲观、消极的心理学气氛，这和创建心理科学的初衷相违背。第二，主张人的生命系统是一个开放、自主、积极求进的动态结构，既存在内心的冲突，也有自我完善的潜能。自己可以决定和解决存在的问题和最终发展为比较良好的心理状态。因此心理学的工作应该着重在研究和培养人固有的积极进取潜能上，使每个人都能得到健康、幸福，过着完满的家庭及和谐的社区生活。第三，致力于同样积极的价值取向，提倡研究积极的课题，如积极的情绪体验、健康的认知过程和比较完善的个性和人格等，致使幸福、快乐、美好和友爱成为心理学研究的热门，力争人人过着真正康乐、幸福的生活和享受人生的乐趣。第四，强调个体内因和社会群体、文化环境等外因的交互作用，和共同影响个体的积极情绪、积极的认知过程及意志品质和良好的个性特征。人格特质是心理学必须培养的层面；同时也十分重视社会文化环境，如社团、职业机构、文化教育机关和家庭亲友之间的关系和影响对个体情绪、性格、心理健康、爱好，乃至创造力的重要作用。积极心理学的这些主张对于鼓励心理学工作者研究人的正面心理起到了积极作用。只是它主要从成人的心理角度进行了描述，缺乏对于人的这些心理品质是如何发展起来的研究成果，同时也过分否定传统心理学。其实它本身的许多方面也是继承传统心理学的某些成就的。当然，它和进化心理学有些相似，并不像后现代心理学那样过分地否定现代心理学传统主流中的好东西。

总之，进化心理学、后现代主义心理学、生态心理学和积极心理学都对传统主流心理学提出不同程度的挑战，从各自的角度对传统心理学进行了解构和重构。其中特别重要的是它们一致反对心理学中的生物学化，和机械主义的物理学化的取向；强调心理学应该以研究人性为本。以人的心理机制进化和积极进取的独特心理为研究对象，竭力发挥人的潜能和建设新的积极向上进取的心理学。尽管这些心理学派本身并未成熟，它们之间还存在着许多不可调和的矛盾与冲突，但多少有些可取的共同点。

本章小结

本章介绍了进化心理学、后现代主义心理学、生态心理学和积极心理学四种后现代心理学，尽管都反对现代心理学的科学主义，主张以人为本，研究人的心理的独特结构，但仍然处于结构主义阶段，只是由于情况有所变化，出现了结构主义心理学的解构和重构而已。

将上述四种后现代新心理学的取向和现代主流心理学中生物学化和物理学机械主义的取向相比较，前四种心理学都在不同程度上对后者进行了批判、解构和重构，强调人的心理的独特性。以人为本的意识心理学模式的设想指出，心理学应该以研究人的心理独特结构及其产生发展为主要任务。例如，进化心理学强调人的心理是人类进化的产物，也是人际之间互动的结果。人的心理是人类长期进化形成的，由许许多多心理机制构成一种“达尔文模块”的“瑞士军刀”结构，结构中的心理机制不仅是天赋的、自然选择的，而且功能的分化和普遍性也是自然、社会的压力有所引起和适应而形成起来的，有机体的行为就是这些心理机制和环境互动的结果。

积极心理学则主张心理学应该研究人的心理的积极方面，研究人们追求健康幸福生活的取向。积极心理学认为，人的生命系统是一个开放、自主、积极上进的动态结构：既存在内部冲突，也有自我完善的潜能，自己可以决定和解决存在的问题和最终发展为比较良好的心理状态。因此，心理学的工作应该着重在研究和培养人固有的积极进取潜能上，使每个人都能得到健康、幸福，过着完满的家庭、社区及和谐的社会生活。

后现代心理学主张，心理是社会的建构，互动是心理的源泉。一切心理现象包括认知、情绪情感、自我、自我意识和人格等都是个体与社会的互动过程产生的，一切心理都是特定共同体的社会互动的结果，即使是最基本的感觉也是这样。

根据上述情况可以断言，当前的心理学正处在后现代以人为本的思潮研究过程中，并且出现了如进化心理学、生态心理学和积极心理学等取向的研究成果，尽管这些心理学派都还不够成熟，而且互相之间存在意见分歧。然而，以人为本的这一取向是不会被削弱，而是日益会加强的。至于这些看法是否正确，将由历史来检验。以上所说只作为学习和研究心理学历史过程的一点感想和心得，是否妥当，务期读者、专家不吝批评指正，予以帮助。

图书在版编目 (CIP) 数据

从零开始学心理学．心理学与生活 / 李汉松著．— 北京：中国法制出版社，2020.11

ISBN 978-7-5216-0834-2

Ⅰ．①从… Ⅱ．①李… Ⅲ．①心理学—通俗读物 Ⅳ．① B84-49

中国版本图书馆 CIP 数据核字（2020）第 021011 号

策划编辑：李　佳

责任编辑：李　佳（amberlee2014@126.com）　　封面设计：汪要军

从零开始学心理学：心理学与生活

CONG LING KAISHI XUE XINLIXUE: XINLIXUE YU SHENGHUO

著者 / 李汉松

经销 / 新华书店

印刷 / 三河市紫恒印装有限公司

开本 / 880 毫米 ×1230 毫米　32 开　　印张 / 9.5　字数 / 246 千

版次 / 2020 年 11 月第 1 版　　2020 年 11 月第 1 次印刷

中国法制出版社出版

书号 ISBN 978-7-5216-0834-2　　定价：39.80 元

北京西单横二条 2 号　邮政编码 100031　　传真：010-66031119

网址：http://www.zgfzs.com　　**编辑部电话：010-66054911**

市场营销部电话：010-66033393　　**邮购部电话：010-66033288**

（如有印装质量问题，请与本社印务部联系调换。电话：010-66032926）